女人30
岁月不饶人
你也不应饶过岁月

侯红霞 ◎ 著

成都时代出版社
CHENGDU TIMES PRESS

图书在版编目（CIP）数据

女人30：岁月不饶人，你也不应饶过岁月 / 侯红霞著.—成都：成都时代出版社，2020. 1

ISBN 978-7-5464-2526-9

Ⅰ. ①女… Ⅱ. ①侯… Ⅲ. ①女性—修养—通俗读物 Ⅳ. ① B825.5-49

中国版本图书馆 CIP 数据核字（2019）第 247990 号

女人30：岁月不饶人，你也不应饶过岁月

NVREN30 SUIYUE BURAOREN NIYE BUYING RAOGUO SUIYUE

侯红霞　著

出品人	李若锋
责任编辑	樊思岐
责任校对	刘　瑞
责任印制	李茜蕾
出版发行	成都时代出版社
电　　话	（028）86618667（编辑部）
	（028）86615250（发行部）
网　　址	www.chengdusd.com
印　　刷	三河市嵩川印刷有限公司
规　　格	880mm × 1230mm　1 / 32
印　　张	6
字　　数	200 千字
版　　次	2020 年 1 月第 1 版
印　　次	2020 年 1 月第 1 次印刷
印　　数	1-8000
书　　号	ISBN 978-7-5464-2526-9
定　　价	39.80 元

引子丨
女人 30：不怕万千人阻挡，只怕对岁月投降

一个阳光明媚的周末，和几个同事聚在一个咖啡厅聊天。聊着聊着，就聊到了公司新招聘的几位刚毕业的女孩身上。

“看着那几个满脸胶原蛋白、皮肤吹弹可破、做事风风火火的小丫头，真觉得自己老了。”说起新人，闫妍长叹一声，感慨万千。

“说句自私的话啊！开会的时候我都尽量不和那些年轻小丫头坐在一起，省得我这朵黄花去衬托了人家那几朵娇花。”同事关童倒是很坦白。

“怎么没几年就感觉自己老了呢？我们不过也就 30 岁而已！”另一位同事接着说道。

……

没想到，这一句随意的话，让原本很活跃的聊天气氛一下降

到了冰点。原因无他，只因这句话引起了我们在座几位的共鸣。

从大学毕业到职场摸爬滚打近十年，虽然我们现在个个也都做出了点成绩，却都到了30岁左右的年龄，不尴不尬的30岁让我们卡在了岁月的中间。

岁月不饶人，首先不饶的就是女人。30岁对女人而言，实在是不讨喜的年纪。

和朋友道别后，回到家的第一件事，就是站在偌大的镜子前前前后后、左左右右地打量自己：

还好，镜子里的我妆容精致，一如既往的活力满满、自信洋溢。

那天不经意的谈话，竟让我有种写点文字的冲动。

应该承认，女人似乎比男人更惧怕年龄。对每一位和我一样年纪的女人，30岁便像一道“分水岭”——胶原蛋白开始流失，半脚踏入了“中年妇女”行列，买护肤品也开始选择熟龄肌抗衰老系列。已婚的30岁女人在工作和家庭之间冲锋陷阵；“30岁剩女”遭遇的是无休无止的“相亲”和“逼婚”；生了孩子的朋友总是说，得趁早生孩子，过了30岁，身体一天不如一天；创业的朋友说，30岁女人更要多赚钱、多见世面，这才是一个女人最大的安全感……

30岁女人的矛盾大抵如此！

30岁，便像一个被妖魔化的年纪，仿佛过了这个节点，我们的一切都开始走下坡路。平时，大家喜欢夸20多岁的女孩“你真漂亮”，却对30岁的女人说“你保养得真好”。年龄这道坎，就像卷入女人内心宁静大海的惊涛骇浪，带给我们的是“山雨欲来风满楼”的恐慌。

可是，这样真的好吗？

我从来不认为30岁的女人应该为自己的年龄而自卑。

20岁的女生固然艳若桃李娇俏可爱，可30岁的女人自有一份属于自己的从容优雅。这份优雅从容是用时光千锤百炼出来的美丽，更加历久弥香。

30岁的女人，大都进入社会近十年的时间，从一个初出校门新入行的“菜鸟小白”到如今职场上叱咤风云的“白骨精”，30岁的女人在工作中有了专业优势，建立了自己的人脉圈，是是非非经历了太多。多年摸爬滚打的经历教会了我们淡定自若游刃有余，从开始的娇气毛躁到从容镇定，早已修炼出一份大气优雅的气度。

感情上，30岁的女人大都经历过青涩、懵懂、挫折、不确定和犹疑，现在要么正在等待灵魂契合的人，要么感情稳定，更多的已嫁做人妇，拥有妻子和妈妈的双重身份，并在两种角色中自如切换，享受家庭，也享受生活。

作家李笛安说，一个女人，随着时间，总有一天所有的人都会要求你去做妻子、做母亲，可你不能忘了自己，你还有才华。因为，没有过期的年龄，只有过期的梦想。

30岁的女人更要明白：

靠自己过上想要的生活才是一个女人最好的模样。不必故作坚强来承担岁月赋予我们的重担，不怕千万人阻挡，只怕自己投降。女人这一生最大的课题，不是婚姻，而是自己。只要你的心中有梦，活得自由、活得精致、活得无所畏惧，相信每一位不愿被岁月绑架的女人，你的30岁，都只会比20岁更让人为之神往。

过25岁生日时，我觉得30岁是个很让人恐怖的年纪。但到我30岁生日那天才发现，我的人生派对才刚刚开始。30岁女人最大的对手不是20岁那些花枝招展的莺莺燕燕，而是自己对岁月举双手投降。

只要你愿意，生活阅历照样可以成为我们沉淀自己的武器。女人的年龄，是优势还是劣势，完全取决于我们的心态和方法。

在众多女作家中，我最钦佩严歌苓。她创作的《金陵十三钗》《陆犯焉识》《小姨多鹤》，都被拍成了红极一时的电影电视作品。

2017年，严歌苓凭借电影《芳华》入围第54届台湾电影金马奖最佳改编剧本奖提名；2018年凭借《芳华》获得第2届“亚洲璀璨之星”最佳编剧奖；4月21日，凭借长篇小说《芳华》获得第16届华语文学传媒盛典“2017年度年度小说家”奖……

鲜为人知的是，严歌苓人生的转折点刚好也是 30 岁。

30 岁的严歌苓早已名声在外，她的作品已经有了无数粉丝。但不满足的她决定开始学习用英文写作，于是到了美国。

我想，那时候的严歌苓为了此举一定拿出了破釜沉舟的勇气。毕竟 30 岁才开始学习用英文写作显得有点晚。

刚到美国的严歌苓举目无亲，没有收入只好辗转奔波各处打工赚钱，就连在餐厅当服务员的时候，她都不忘随身携带小抄背单词；上课时，也因为语言问题闹了不少笑话，不管多苦多难，严歌苓一一咬牙坚持下来。

你有多努力，就有多幸运。

后来，严歌苓成为美国著名的中英文作家和好莱坞的专业编剧。她的小说和剧本曾获多项国际大奖。她用中文写小说，几乎将所有华语文学类的大奖纳入囊中。当得知自己获得“京华奖”的荣誉称号时，严歌苓谈及获奖感受时说：“这个奖是除了电影和小说之外，我获得的唯一的一个政府行为的奖。它给了我一种除了文学艺术肯定之外的肯定。”

这个拿奖拿到手软的严歌苓，还在美国遇到了自己的“真命天子”——劳伦斯。精通九国语言的劳伦斯为了她毅然放弃了前途无量的外交官工作。这样的爱，足以让任何一个女人动容。

如今，严歌苓虽然近 60 岁了，可她每天都要在书桌前写作六七个小时，每天都要求自己游泳1000米。

60岁又何妨？

现在的严歌苓仍保持少女般纤细的身材，不管什么时候出现在大家的视线中，她总是永远画着精致的妆，仪态万千。

问及年龄，严歌苓总说，30岁和60岁，似乎并没有什么差别。是啊！30岁也可以从零开始追求梦想，年纪从来都不是一个敢于实现梦想的女人的借口。

岁月就是这样，你越是不屈服，它越是给你锦上添花。

有些美丽，不经过岁月的洗礼，得不到完全绽放。而人生诸事，只有经历过体验过，才能知世故而不世故。

就像才女徐静蕾所说：千万不要对自己的任何年龄妄自菲薄。了解自己，找到自己，享受你的年龄，尊重岁月的洗礼，才能将你的每一个岁月，每一天，都过得闪闪发光，既照亮了别人，也成全了自己。

衷心希望每一位30岁的女人都能爱上这个年龄的自己，经济上自给自足，情感上收放自如，围城里静水深流，围城外风情独具。

曾以为，30岁将是人生一战，可事实却是，30岁不过是人生一站。30岁，好日子，刚刚开始！

女人30，岁月不饶人，你也不应饶过岁月！

目 录

第二章　留不住青春的脚步，我们就与时间赛跑

第三章　让30岁女人的风情如花般盛开

第四章 努力，为了遇见更美的自己

第五章 女人30，为自己的爱情保驾护航

第一章

美丽是女人的使命，30岁的女人必须精致

女人30，做最女人的女人

外表比女人还要女人的人，内心会强大到比男人还男人。不顾一切地让自己变得更优秀吧！即使在那些最糟糕、最不如人意的日子里……

即使不为了取悦别人，哪怕为了自己也要漂亮、优雅、精致。你漂亮、你优雅、你精致，你就能给自己加分。生活总是有太多的斩不断理还乱，既然逃避不了，我们就选择以最优雅的姿态面对吧！

一天，闺蜜向我抱怨："上班其实并没有太辛苦，反倒是每天上班前挑选衣服、搭配饰品、捯饬妆容才让人烦不胜烦。高跟鞋配红唇，眼影搭腮红……"

不等她唠叨完，我就笑着打趣："女人穿衣打扮主要是给男人看，据我所知，你们公司清一色的莺莺燕燕，你这么讲究是准备钓个金龟婿吗？"

“你懂什么啊？”闺蜜很不屑地回答我，“女人的衣服当然是穿给女人看的。穿给男人看，只要好看就行了，穿给女人看，才是真正的比拼。”

闺蜜的话一针见血。

男人们认为的好看只是性感或清纯可人，穿一件质量 OK 的塑身内衣做打底，勾勒出完美的 S 曲线，分分钟就能赚足眼球。但女人之间的 PK 才是实力大比拼，才是暗流汹涌的高手过招。

但这远远不够。

我认识的朋友中，有一个很吸引人的姑娘。我们总说，她才是真正的女神，是女人中的女人。不同于闺蜜狭隘的说法，她总是告诉我们：当有一天，你不用考虑用任何时尚元素包装自己，但依然能 Hold 住全场，到了那时，你就具备真正的时尚品位了。

说这话的她年龄已近 30 岁，身高 169cm，体重从不超过两位数，常年健身，风雨无阻。她总是能根据天气或者心情把自己的妆容变换到恰到好处。她喜欢拍照，然后把自己唱歌跳舞的视频上传到社交网络上，形象气质俱佳，总是有很多粉丝和崇拜者给她留言、打赏。

凡是认识她的姑娘们，当然也包括我，无不对她各具羡慕嫉妒。但凡向她请教保持肌肤吹弹可破、身材凹凸有致的秘诀，她总是淡淡地告诉我们：保持运动。

她和我们有什么不同吗？没有，同样都是朝九晚五的工作；或许说也有一些，她将业余时间用来充实自己，而我们则将业余时间用来挥霍、浪费，所以她既能够在职场上步步高升，也能够在舞台上翩若惊鸿，而我们，则只能在羡慕中蹉跎人生……

大家总是说老天待人不公，有些30岁的女人长得好看、活得又幸福，而有些女人却一直在悲哀中挣扎。事实是，每一个女人的生活中都有鸡毛蒜皮，都有落寞无奈，也都有哭泣绝望，只是有些女人没有过于沉浸其中，而是在繁琐中静静生长，最终长成我们看到的优雅模样；有些女人则从中无法自拔，每日唉声叹气，或者就干脆认了命去，浑浑噩噩地生活，哪还想得到收拾自己？

说白了，那些活得比女人还女人的人，只是选择了不顾一切让自己变得更优秀的方向，即便过程中有汗水和艰辛，她们依然昂扬向前，从不退缩。

“我也会害怕眼角长鱼尾纹，这个世界从来都不缺青春漂亮的女孩子。我现在能做的就是一点一点地学习怎么让自己变得更优秀，怎么让自己变得更有深度。”一次，她这么对我们说。

我注意到，穿着短裙、娥眉淡扫的她说这话的时候，左腿搁在右腿上，双腿优雅地倾斜着……

我想，精致如她，这话一点也不为过吧！

精致优雅，是女人最大的底气

颜值高，虽可以艳压群芳，但不够出彩，不够高贵。高贵，就像一只细细滑滑的手掌喜欢温润的玉一样。这是一种发自内心的欣悦，无需谁的动员。你若高贵，一切不贵。

电视剧《延禧攻略》的收视率异常火爆。在剧中着实火了一把的秦岚，又因一个极小的动作上了热搜。

《延禧攻略》幕后的匠人，在讲述富察皇后的绒花头饰时，为了配合老师的讲解，原本一直站着的秦岚微笑着半蹲下来。

蹲的时间久了自然不舒服，但在这期间，秦岚一直保持微笑，并没有因为长时间半蹲着而有任何的疲态和不满。

看到这一幕，相信很多人和我一样也被秦岚的动作圈粉了吧！她选择蹲下来的时候，让观众看到了一个高贵的灵魂。

在《骚潮》一书中，大家聊到精英男士喜欢什么样的女人，作者说，一个女人最重要的不是花容月貌、倾国倾城，而是高贵优雅。

高贵是什么呢?

高贵是生命中潜移默化的一种气质、一种底气、一种教养，是没有身份感的！说到高贵优雅，奥黛丽·赫本绝对当之无愧。她的美丽，不仅仅来源于出众的外貌，更来自她身上那种超乎众人的特质——高贵。

曾看到过这样一句话，深以为然：高贵是一种被伺候出来的气质，生活中的精致高贵比美貌更需要用心。

单位同事小丫出身于书香门第，从外国语大学毕业后留在北京工作。别看小丫收入不高，单看她的日常，绝对称得上精致高贵的“公主”。

早上到公司的第一件事，她会吃点水果当早餐，喝一杯蜂蜜柠檬水。对于薯片之类的不健康食品她从来都不多看一眼。

中午，太过油腻的菜她绝不染指。在我们吃冰激凌消暑的时候，她要么喝一杯清爽的绿茶，要么用泡腾片作为饮品。

上班的时候，她的腰永远是挺得最直的那一个，站姿也比我们挺拔。不是我嫉妒，小丫长得绝算不上美人，但她的气场足够强大。身材高挑笔直的她一颦一笑皆风情，女人味十足。

更让人大跌眼镜的是，在她看来，女人一定要十一点之前睡觉，出门前画好眼线涂好口红永远是第一位……

“小丫，你这可太‘作’了啊！”办公室总有一些人不认可小丫的生活方式。

“‘作’吗？女人嘛，‘作’一点，生活得精致一点没有什么不好，能把自己‘作’漂亮、活得精致高贵才是本事呢！”小丫可不管别人说什么，依然我行我素。

虽然，小丫是名副其实的月光族，每月的工资都被她用来伺候自己，做美容SPA，买大牌护肤品，听说古筝也考到了10级……

但还别说，30好几的小丫脸上一点也看不出岁月的痕迹，她的皮肤吹弹可破，满满的胶原蛋白，嫩得掐得出水来。哪怕她不用香水，每次到办公室我们都仿佛能从她那儿闻到一丝若有还无的清香。

小丫对谁都很温柔，说话永远轻声细语，和她同事好几年，从没见她和谁争吵过。但凡和她接触，总给人如沐春风之感。

明明和我们一般年纪，鸡毛蒜皮家长里短好像和她一点也不沾边，浅笑吟吟的她总是一幅岁月静好的模样。

翻看小丫的朋友圈，偶尔下厨的她做的糕点精美如艺术品；周末闲暇之余，她拍出的照片经常让人叹为观止；大型演出上，白衣飘飘的她总是气定神闲地弹奏古筝，样子很“仙”……

小丫的男友阳光帅气，待她如手里的宝呵护备至。两人已经拍了婚纱照，婚礼也即将举行。每每看到精致优雅的小丫，我都忍不住想：小丫应该是大多数男孩子心目中最美妻子的模样吧！

现在这世上，长得漂亮的姑娘一点也不稀罕，如果一个人只是单纯美貌而无灵魂，很难让人记住，但一个让人印象深刻的姑娘一定有属于自己的气质。

很庆幸的是，高贵的气质可以修炼得来，但前提是，你真正愿意花时间和精力对自己好一点，再好一点。

知性，30岁女人最重要的修行

岁月流逝，30岁以后，那些越发引人注目的人生赢家，不一定是长得漂亮的女人，但一定是活得漂亮、智慧与品行兼具的知性女子。知性女人，有内涵、有主张、有灵性，而且“智勇双全”。她可以无视岁月对容貌的侵蚀，但绝不束手就擒。

杨澜在《天下女人》一期节目中评价吴小莉是“完美女人”。杨澜之所以说吴小莉完美得无可挑剔，是因为她符合这样三个条件：

第一，貌美。她在杨澜的审美标准中是美的；第二，高贵感。高贵不是指贵族气质，而是她有知识、有修养；第三，性感。性感绝不是搔首弄姿，而是一种女性魅力，一种从内而外流露出来的知性气质。

那么，我们不禁会问，什么是知性呢？

哲学家康德说："知性，是介于感性和理性之间的认知能力。"

查阅百度，它给出的定义是：知性是一种淡定的美，成熟的美。知性的意义在于使人由不知到知，由无知到有知。简而言之，就是由无到有，这应当是质的变化。由无到有，由浅知到深知，由知其表到知其里，由知其一到知其二、知其三乃至知其万物。知性美须有超越利害的纯粹求知态度，需要有尊重公理、尊重逻辑的精神，需要有一种容忍不同见解的雅量。

如果说百度给出的定义太过冗繁，难以理解，那么女作家苏芩对"知性"的理解可谓言简意赅。

苏芩说："知性，是一种气质，它比理性多一点柔情味，比感性多几分自控。当一个女人，了解世间很多人情世故之后，为人处世就多了若干分寸。这分寸之间火候的把握，就是知性。"

知乎上有一位网友讲述了一段自己的故事：

那时，自己刚从一所985院校毕业，为了圆儿时的梦想去北京打拼。在北京租房子的时候，为了给即将见面的房东留下好印象，姑娘特意略施粉黛，精心打扮一番。

房东是位慈眉善目的老太太，温和地问她哪个大学毕业的？姑娘很得意，骄傲地说出了学校的名字。

老太太好像并不是太在意，只是轻描淡写地告诉她，学校还不错，年轻人只要好好努力，就一定会有出息。

一番交谈之后，姑娘慢慢发现老太太虽然衣着素朴，貌不惊人，但是她气质优雅，谈吐不俗，便随口问：“请问，您以前是做什么工作的呢？”

“我退休前，在清华大学教物理。”老太太云淡风轻地回答。

发帖的姑娘说，那一刻，她为自己的肤浅而脸红。帖子的最后一句，姑娘说，看着眼前神态从容的老太太，她终于明白什么叫知性优雅，大道至简。

电视剧《我的前半生》播出后，大家都津津乐道于剧中扎心的现实、马伊琍高超的演技，但也有很多人和我一样被袁泉饰演的职场丽人唐晶实力圈粉。

剧中，不管是袁泉的演技还是平时的穿着，都堪称教科书式的典范。后来我发现，只要随便打开一个购物网站，都有唐晶款围巾、唐晶款羊绒衫、唐晶款大衣、唐晶款职业套装强势地扑面而来。

有网友说，看了袁泉扮演的唐晶，才明白什么叫“高级脸”。我想，说这话的网友一定和我一样，所谓的高级脸不过就是她浑身散发出来的知性美。

袁泉的美来自她从内而外散发的魅力，不张扬不夺目，却能直击人心。当影视圈里很多人都忙着追名逐利、纷纷跻身一线大牌的时候，袁泉不急不躁，坚守内心，只是将自己喜欢的话剧演到极致。

因为喜欢，所以坚持。也就是有了这份坚持，让我们看到了不一样的知性女子——袁泉。

有人这样诠释知性女人：隐约的奢华，明净的幽雅，静谧的吸引。知性女人感性却不张狂，典雅却不孤傲，内敛却不失风趣。知性女人自信、大度、聪明、睿智。知性女人，说话稳重，谈吐不俗，堪称女中“豪杰”。

用这段话来衡量袁泉，无疑，她是满分。

有一次，我去海南出差，四个多小时的飞机，说快也快，说不快也很难捱。

坐在我旁边的是一位女士，她的皮肤护理得极好，脸上化着精致的淡妆。简单地寒暄几句，我发现她即使笑的时候眼角也几乎看不到皱纹，就连颈部、耳后等我们护肤时不易护理的部位也白皙光洁，与脸上的皮肤无异。

我被她的知性与优雅打动了，攀谈几句之后，我知道她是国内一家时尚杂志的主编，看似 20 多岁的她实际上已经 38 岁了，我也经常看她们的杂志，没想到却有缘在飞机上见到杂志的策划人。

说话的间隙，我仔细打量了一下眼前这位让人感觉无比舒服的她。她穿的衣服款式很简单，得体又大方；不同于别的时尚女魔头，她的头发不仅没有染成夸张的颜色，反而很随意地挽了一个发髻，用一个很别致的发卡做点缀。应该说，她的装扮并没有任何刻意雕琢的地方，但就是让人感觉舒服，而且愿意让人与之接近。

“怎么？看我不像吗？”她莞尔一笑，“你是不是认为时尚杂志的主编会打扮得像国际 T 台上走秀的模特一样？”

我不好意思地笑了笑，没有说话。

“其实，时尚很简单。一个女人最大的时尚是知性，是优雅，说白了，就是你自己的风格和气质。”

坦白说，我是一个不太懂得时尚的小白，用我先生的话，我甚至有点“土”。对于时尚，我从来都觉得可望不可即，第一次听到有人这么形容时尚。

“我刚到杂志社那会儿，天真单纯不谙世事。我一直觉得时尚就是穿各种时髦的衣服，化各种大胆的妆，总是走在流行的前沿。那时，我眼中的时尚界也很高大上，有各种灯红酒绿的舞会，能结识更多资源优质的朋友。但真正工作之后，才发现做时尚杂志的工作和我想象得天差地别，甚至说有点残酷。

“为了拍好封面照片，我曾穿着‘恨天高’在近40℃的高温天气里满大街的取景；为了完成采风任务，我即使高烧到几乎昏迷还得和讨厌的高原反应做斗争。你们平时看到的杂志，可能一个专题就足够我们工作组的人不眠不休好几个晚上……”

“啊？”听到这里，我有点惊讶！我一直以为时尚就意味着光鲜亮丽。

“就是因为这些工作经历，我深深地明白，不管是时尚教主还是时尚女魔头，她们也和我们一样只是普通人，只不过她们比我们更懂得如何恰到好处地打扮自己来彰显自己的气质。经历得多了，就会知道，不用考虑任何时尚元素来辅助自己就能Hold住全场，那才是真正的高级时尚。”

她关于时尚的这一番定义让我震撼！怎么能不震撼呢？原以为时尚高深莫测，原来只需要找到属于自己的气质和风格就好啦！知性、优雅如此简单。任何一个女子，都可以凭借努力，成为知性优雅的自己。

自信，30岁女人最高级的生活方式

> 作家苏岑说："做自己命运的女王，情场不输人，职场不输阵，相信自己，爱上自己，对自己足够好，才能够一直优雅到老。"愿每一位30岁的女人都自信、优雅，在这纷繁的人世从容而行。

年过50的刘嘉玲曾在微博上晒出一张自己运动完的自拍照。

镜头由下往上拍，她素颜出镜，配文："享受运动能令脑部产生快乐，保持乐观自信的心态"。

自信的女人最美。

是的，自信才是女人最高级的生活方式。

作家萧伯纳说："有信心的人，可以化渺小为伟大，化平庸为神奇。"可见，一个再怎么普通的人只要有了自信，就一定与众不同。索菲亚·罗兰也说："一个缺乏自信心的女人，永远不会有吸引人的美，没有一种力量能比自信更能使女人美丽。"

关于自信，有一个很老套但很经典的小故事：

一个小女孩，从小没了双亲，与年迈的奶奶相依为命。奶奶靠捡破烂为生，小女孩成长的过程中既没有穿过漂亮的新衣服，也没戴过什么像样的首饰。

她很自卑，总觉得处处低人一等，她看别人的眼神也总是畏畏缩缩、躲躲闪闪，走路时喜欢低着头。

邻居家住着一位活力阳光的大男孩，她一直暗恋他，可是小女孩却总觉得自己配不上他，迟迟没有自信表达出爱意。

16 岁生日那天，奶奶颤抖着给她 16 元钱，让她去买点喜欢的东西。长这么大，小女孩第一次有了属于自己的钱，她很兴奋，来到当地一家有名的商店，买下了那朵她渴望已久的漂亮蝴蝶结头花。

“哇！真是太漂亮了，这蝴蝶结头花好像是专门为你做的一样！”售货员高兴地对她说。她望着镜子里戴着头花的自己，顿时把头高高地扬起，瞬间有了自信。

她开心极了，兴冲冲地往外跑，在商店门口，她不小心撞了一个老奶奶，可是她太高兴了，连“对不起”都没有向老奶奶说就跑开了。

一时之间，她觉得自己成了大家瞩目的焦点，街上所有人都在看她，好像都在议论：“瞧，那个女孩真是太美了。”

最令人惊喜的是，她碰到暗恋已久的那个男孩，没想到，男孩竟然约她参加晚上的舞会。

女孩幸福极了，接到约会邀请的她又飞快地往商店跑，打算用剩下的钱也买些东西庆祝这开心的一天。

快到商店时，被她撞到的老奶奶拦住了她，对她说：“姑娘，你头上的花刚才掉了，我一直等着你来取呢！”

看到老奶奶手中的头花，小女孩惊愕不已。

看到这里，你一定也知道了，女孩并不是因为戴上了头花才漂亮，让女孩漂亮并带来好运气的则源于她的自信。

众所周知，李嫣是天后王菲和李亚鹏的女儿，父母都是明星，因为先天的唇腭裂，她从出生就比其他“星二代”受到更多的关注和议论，但是李嫣并没有受到先天疾病的困扰，不管出现在哪里都是自信大方，气质和气场都像极了妈妈。

李嫣和黄磊老师的女儿黄多多曾一起 T 台亮相，为某品牌走秀上了热搜。

应该说，李嫣五官精致，只是鼻唇间还有不太明显的疤痕。但这小小的缺憾根本算不了什么，完美继承妈妈基因的李嫣，大长腿搭配巨星气质，在 T 台上无畏无惧，叱咤风云。

日本电影《百元之恋》里，安藤樱饰演的女主32岁，未婚，啃老，穿着邋遢，虎背熊腰，她根本无心打理自己的料理店，整日只知道打游戏。

她不知道自己要做什么，也不恋爱，每天懵懵懂懂、浑浑噩噩地活着。这样的人哪里有什么自信，她甚至觉得自己根本就不应该到这个世界上来。

后来，她的妹妹离婚后回到娘家，极度看不惯姐姐的作为，为此，两姐妹经常大打出手。感到自己不被家人所容的女主一下搬了出去，并在日常光顾的百元超市谋得收银员的职位。

这间小店怪人云集，患有忧郁症的店长、唠叨猥琐的同事、因盗窃被开除却还时常回来拿快要过期食品的老太。女主生活在这些人中间，心情愈加苦闷。

机缘巧合之下，她喜欢上了一位名不见经传的拳击手，两人恋爱没多久，这个拳击手便被别的女人拐走了。极度压抑之际，女主选择学习拳击，她渴望释放心中的委屈和不满，渴望获得哪怕只有一次的认可。

她第一次对自己充满了信心，相信自己一定可以做到。

为了参加专业拳赛，她加入拳击俱乐部，每天挥汗如雨地拼命练习。她说："我这前半生从没赢过，但现在我只想赢一次，哪怕只有一次。"

虽然比赛当天，她被揍得鼻青脸肿，但她还是在赛台上拥抱并感谢了对手。

因为相信自己一定能赢一次，她每天坚持数小时的严格训练，学会了在面对欺负的时候，要用强硬的手段以牙还牙；

因为戒掉了香烟和啤酒，连饮料也从可乐换成了不含任何香精色素的矿泉水，她不再虎背熊腰，变得愈发美丽动人；

因为极度自信，她不再逃避家人，和家人一起吃饭谈笑，也不再害怕面对任何一个欺负过伤害过她的人，不再害怕任何一次的拒绝……

自信，让30多岁的她脱胎换骨，容光焕发，让她重新找到了人生的意义。

外表，藏着一个女人最真实的生活状态

漂亮对很多人来说不是“清水出芙蓉，天然去雕饰”，而是每天瓶瓶罐罐抹二十分钟、勤勤恳恳画眼影涂口红才练出来的技能。外表这东西，现实又直观。有了良好的第一印象，才会有后续的相识相知。

前几天，偶然间整理电脑时，看到电影收藏夹里有一部老片子《瘦身男女》，不禁停下要做的事情，将这影片重新看了一遍。

影片中，Mini Mo 遭受失恋的打击后，饮食失去控制，体重升至 260 磅，原本凹凸有致的窈窕身材不再。她与初恋情人黑川约定十年后在日本相见，但现在臃肿的身材让她深感自卑。

之后，她偶然相识了跟她同样体型的肥佬，肥佬非常同情她，决定帮她重塑魔鬼身材。肥佬以地狱式减肥方法锻炼 Mini，甚至为了让她上专业美容院减肥，肥佬不惜在街头被拳击换取酬劳。

在距离见面还有一个月的时候，Mini 还有八十磅要减，肥佬

为此很着急。但 Mini 说："其实我现在已经很不错了，不一定要减到十年前的水平。"

"只有尽力而为，能减多少减多少啊！"肥佬很快回答。

Mini 委屈地说："如果因为我胖了一点就不要我，这种人我才不稀罕！"

"能完美一点就完美一点！"肥佬的回答掷地有声。

影片还在继续，但我已经被肥佬的这句话震撼得不行了。不是因为我太过玻璃心，而是，我认识的一位女性朋友贞子也因为身材的问题和男友分手了。

34 岁的她和男友长跑六七年，最后落得个分手的结局，用她自己的话说："真不知我这样的'高龄'，该怎么开始一段新的恋情。"

他们分手的原因很简单，就是男友觉得贞子一点也不注重自己的外表，每次男友让她减肥，贞子都不当回事，任由腰上的"游泳圈"缠上一圈又一圈。

"是，他是经常叫我跑步，但我就是喜欢吃着薯片追剧；他让我和他一起去健身房，我每次都说受不了那苦；他让我下楼去小区里走走，可我宁愿睡到大中午；他说，原来带我出去，他特有面子。现在我才想起来，我已经快一年没有见过他的任何朋友了。"

某天晚上，贞子发过来一段语音。

因为女友身材不好分手这理由听起来很雷人，但似乎又在情理之中。

我知道，贞子一开始可是标准的“S”型，前凸后翘，除了个子有点小。那时候，贞子粉面桃腮，一双灵动的大眼睛好像会说话，笑起来时两个小酒窝更是给她加分不少。但是近几年，也不知怎么回事，她的体重一下飙升了三四十斤，脸上的酒窝也不知躲到哪里去了，整个人看起来就两个字——肥胖。

“嗨！她现在哪里还有什么小鸟依人？我真的有点忍受不了她现在的生活状态，整日就知道闷在家里，喜欢吃垃圾食品，还不爱运动。”一次酒后，他男友不无遗憾地说。要是原来，他说得最多的一句就是：贞子又瘦又小，柔柔弱弱的，一看就让人想保护，哪里还舍得让她伤心，惹她不开心？

这话，好像也对。因为，贞子的男友待她真是百分百的好。还有人开玩笑说：“既然她小鸟依人让你充满保护欲，那要是有一天她变得五大三粗你还会这么爱她吗？”

“爱应该会爱吧！可是我会很怀念刚认识她那时候的样子！”

“应该会爱”，这个回答多么底气不足。没想到，当时朋友的一句玩笑话竟然应验了。

是的，能完美一点就完美一点！外表会说话，它代表了你的生活状态！

有时候，爱情或许能够经得住大风大浪，却很有可能经受不住生活一点一滴的消耗和磨损。这种磨损，包括女人对外表的不重视。

在很长一段时间里，我也是标准的“懒癌晚期”。

不抹口红、不会画眉、上衣不搭下裙、衣裤不搭鞋子，明明不擅长打理长发，偏偏还长发及腰。我对蛋糕一类的甜食毫无抵抗力，对烤鱼、炸薯条一类的油腻食品根本停不下嘴。结果很悲催——身材这东西压根没有。

不过，这是很早之前的事情啦！

刚到一家图书公司上班的时候，有一次和单位一位资历很老的男同事一起外出办事。他看起来长得“着急”了些，但事实上，他也只比我大一岁，但却有好几年的工作经验。

一路上，我们两人交谈甚欢。聊着聊着，他很郑重地看着我说：“感觉你是个大大咧咧、对生活不拘小节的人，你就是传说中的女汉子吧？”

“女汉子？”我很诧异他给我这样的标签，赶紧问他为什么这样说。

“因为看你打扮比较随意，一般女孩子不都很讲究打扮吗？你看我们单位的女孩子哪个不是涂脂抹粉、香气袭人呢？”他说得轻描淡写。

天知道，我听到他这句话后的内心早已经翻江倒海、汹涌澎湃。

我不好意思地低下头，审视自己一番：一身宽松的运动服，裤子口袋边上好像还有一段多余的线头在晃悠，头发也是在脑后随便扎成了一团，那些毛毛躁躁的发丝像是向别人诉说自己刚被风摧残过……

“我平时也不是这个样子，今天时间太紧了，没来得及打扮……”我心虚地小声辩解。

解释显得苍白无力，事实上，那时候的我确实对生活很怠慢。

因为工作没那么紧张，所以每天晚上抱着薯片零食熬夜看剧，第二天早上被闹钟催着勉强起床。来不及化妆就干脆素面，在衣柜里拿到什么穿什么，哪里讲究什么搭配？

随便的搭配，疲惫的倦容，无形之中，这些都暴露了我当时的生活状态。

在单位，我们的主编是个很讲究的人，很多人都说她穿的衣服、化的妆会“说话”。因为，我们只要一看她的打扮就知道她一天接下来大概要做的事情。

如果她的妆容细致入微，穿着利落得体的职业装，那么她一定会去拜访客户或有客户前来；如果她化着淡妆，穿着也柔和，看起来温和又坚定，那么，这一天她就会在办公室里度过。

如果说主编是百变佳人，一点也不为过，男友接她下班，她秒变温柔模样；心情高兴时，神采飞扬；时而娇羞女孩样时而女王范儿十足……

随着阅历增多，30多岁的我才慢慢理解，为什么闺蜜会毅然决然地买一些价格不菲的衣服；我也慢慢懂得，单位的很多同事为什么宁可少睡四十分钟，也要化个精致的妆容。

因为，如果自己的样子连自己都觉得不满意，我们如何还有自信将自己的样子呈现给这个世界呢?

于是，我决定改变自己，并确定自己值得拥有美好的样子以及这个世界美好的一切。当我对自己进行改变的时候，我变得越来越自信，生活态度也越发积极。自然而然，我也遇到了很多美好的人和更多的机会。

为自己打赏，从一束花开始

人与人最大的区别，不是做什么工作，不是香车豪宅，而是你会不会为自己打赏，获取平静、触摸幸福。美丽的女人知道为自己打赏，打赏自己的前提是你要学会不损人利己的自私。

最近看到这样一句话很是扎心：

这世上，有一半女人死于30岁。一看这句话，我猛地一惊。30岁，难道不该是一个女人最美的年纪吗？褪去了少女的生涩，取而代之的是经验与见识，怎么说死于30岁呢？仔细看看周围才发现，事实的确如此。再一细想，我不也差点死于30多岁的年纪吗？

清楚地记得，刚买完房的那一年，压力大到我整夜失眠，无休无止的头疼让我痛不欲生，连用了好几年的SK–II、香奈儿也换成了价钱亲民一些的品牌……

虽然这无异于杯水车薪，但在没有办法创造更多收入的情况下，你就会明白那句很俗气的真理：能省一分是一分啊！

那一天，写了好几个月的稿件被要求再次修改。接到这样的消息，我简直心灰意冷，情绪低到谷底。先生今天下班早，买完一袋子菜回来后，竟然还给我买了一捧花，很鲜艳很鲜艳的一大束红玫瑰。

“怎么样，这花够新鲜吧？”先生很炫耀地把花递给我，“这可是花店老板刚卸的货呢！之前你总是说我买的花不够新鲜……”

先生说个没完。

不知为什么，看到如此漂亮的花我不仅没有开心，反而像一头发怒的狮子一样冲上去，夺过他手中的红玫瑰，狠狠地将花摔到地上，还狼心狗肺地狠狠踩了几脚……这样一折腾，玫瑰花惨兮兮地狼藉一地。

“你不知道孩子的舞蹈费又该交了吗？马上月底，房贷还没着落呢！你看看，都什么时候了，还买这没用的东西？”我知道，当时自己暴怒的样子一定很难看。

先生没有说话，一个转身去了厨房。

屋里顿时安静下来。我再也忍不住，任眼泪没出息地往下落。我蹲下来，泪水一滴滴落到地上无辜的玫瑰花瓣上，心里说不出的后悔。

“正是因为生活艰难，他才送我花，想让我开心一点啊！”我一遍一遍问自己，“我这是怎么了？”

你看，我也就30多岁，但因为生活不如意，我也在如花的年纪差点葬送了自己。事后，先生告诉我：“我知道你压力大，但请相信，我们一定会好起来的！”先生说得没错，我们很快走出困境，生活越来越好！

现在每个星期，我都会从花店给自己买束花，插在我电脑旁边一个很精致的水晶花瓶里。

和卖花的老板娘熟识之后，她告诉我插花讲究的是错落有致；教我把鲜花插进瓶子里后，每隔一天要换一次水；每次换水的时候，最好把鲜花的根部斜着剪短一些，这样有利于鲜花更好地吸收水分；多余的叶子也要剪掉，为的是减少养分的消耗，延长花期……

这样，每次打开电脑开始码字的时候，闻着花的清香，看着鲜花的样子，我都会忍不住嘴角上扬。

作家艾小羊的一个观点让我很是认同：

“世界上的人分两种，一种是买菜的人，一种是买完菜给自己买束花的人。买菜，代表平庸的生存；而买花，则是我们在生活的泥石缝隙中，主动寻找与触摸的幸福。前者是生而为人的宿命，无人幸免；而后者，是生活的智慧，有人掌握。”

第一次看到这样一段话时，我不禁为这句话的睿智和真理所折服。人与人最大的区别，不是做什么工作，不是有深厚的背景，不是我们的身边有谁谁谁，而是你会不会在平淡的生活里为自己打赏，获取平静、触摸幸福。

32 岁的娟子姑娘失恋后，每周都送自己一束花。

网上预约，下单，然后每个礼拜一的上午十一点，快递小哥一定会准时把花送到公司前台。

花的品种不一而足，有时候是馨香四溢的百合；有时候是火红热烈的玫瑰；有时候只是一束小小的蔷薇……

娟子姑娘每次都把花小心翼翼地插进一个充满小资情调的瓶子里，窗台的阳光映射到花朵上，也照亮了娟子姑娘年轻的脸庞。

“每周一束，雷打不动，你男朋友真是太给力啦！”

“是啊！我要是有这样靠谱的男朋友，说什么我也嫁给他。”

……

不明就里的同事都羡慕娟子姑娘找到一个浪漫的男朋友，还一个劲地问她准备什么时候结婚？

“快了，快了，有好消息一定会通知大家。”

娟子姑娘浅笑吟吟，她也不解释。早在她与男朋友分手后没多久，娟子姑娘就告诉我：“他搬走的那天，我觉得整个世界都崩塌了，原来的北京因为他而温暖，现在的北京不过是一座空城。”

是啊！离开深爱好几年的人，内心一定是排山倒海的难过和撕心裂肺的疼吧！

“刚认识他的时候，他总是喜欢买花给我。现在没有他买花给我，那我就自己爱自己多一些吧！”一次，娟子姑娘插花的时候苦笑着说。

失恋又怎么样？没有男友的陪伴，娟子姑娘的生活里也总是有鲜花相伴。我相信，懂得打赏自己的姑娘迟早会遇到欣赏她的人。

朋友圈里的马姐，37岁。马姐是个很爱晒“幸福”的人。最常晒的，就是醒目又扎眼的各种鲜花。

如果只是从朋友圈看马姐的生活，大家会觉得她的生活精致优雅。除了摆拍得像艺术品一样的美味佳肴，还有她琴棋书画的业余爱好。

但非常了解马姐生活的人，才知道她是一个离异好几年的单亲妈妈，独自带着儿子生活。这几年里，她好几次失业与创业，硬是从一个柔弱的小女子变成了铿锵玫瑰。在人生低谷，最不如意的时候，是鲜花与琴棋书画这些小情趣，让她日益强大，让她有了对抗艰难生活的勇气。

从任何时候看，马姐都是美丽的。

看到盛开的鲜花，我们会感叹生活的美好；每天晚上，安静地倾听一首老歌；选择一种兴趣爱好，不问结果，只管每天坚持几十分钟；实在没有时间，埋头工作的间隙看看窗外云卷云舒……

30岁的女人，如此这般——最好!

第二章

留不住青春的脚步，我们就与时间赛跑

与时间赛跑，用行动来挑战匆匆岁月

青春最贵，稍不留神就没了。一个不努力的人，绝不会突然横空出世光环加身，也从来没有人轻轻松松就活到别人需仰望的高度、拥有高配版的人生。

“时间太不够用了，好多事情还来不及做就老了，好焦虑！”小麦微信发过来这么一行字给我。

一说起玩游戏，大家都会觉得那是男人的专利，但小麦不一样，她玩游戏的劲头绝对不输任何一个男生。

刚认识她的时候，我一直觉得她是24小时在线的超级大闲人，好像她的生活就是游戏。

看到她发来的信息，我好奇地回了一句：“你为什么会觉得时间不够用呢？才多大啊就说自己老了？敢情你是埋汰我吧！”

“我想学日语啊！虽然报了班但没上几次课；插花我也喜欢，

可看了几次视频感觉没什么用；茶道，你知道茶道吗？上次在茶馆看到人家姑娘表演茶艺，我眼珠子差点没有掉下来……”

小麦发过来一段冗长的语音。

“你‘英雄联盟’什么级别啦？”我淡淡地问了一句。

“嘿！早就钻石级了，怎么样？够厉害吧！”隔着手机屏幕我都能感觉到她语气里掩饰不住的自豪。

这不是太假了吗？时间如果真像你宣称的那样不够用，你怎么会有空玩游戏玩到钻石级？现实就是这样，总是有很多不知天高地厚的想法，都在时间面前败下阵来。

女儿开学每次领到新书，我都在第一时间把语文课本看一遍。在小学语文课本三年级下册有一篇作家林清玄所写的《与时间赛跑》的文章，读来让人感慨颇深。

文章内容如下：

读小学的时候，我的外祖母去世了。外祖母生前最疼爱我。我无法排除自己的忧伤，每天在学校的操场上一圈一圈地跑着，跑得累倒在地上，扑在草坪上痛哭。

那哀痛的日子持续了很久，爸爸妈妈也不知道如何安慰我。他们知道与其欺骗我说外祖母睡着了，还不如对我说实话：外祖母永远不会回来了。

“什么是永远不会回来了呢？”我问。

“所有时间里的事物，都永远不会回来了。你的昨天过去了，它就永远变成昨天，你再也不能回到昨天了。爸爸以前和你一样小，现在再也不能回到你这么小的童年了。有一天你会长大，你也会像外祖母一样老，有一天你度过了你的所有时间，也会像外祖母一样永远不能回来了。”爸爸说。

爸爸等于给我说了一个谜，这个谜比“一寸光阴一寸金，寸金难买寸光阴”还让我感到可怕，比“光阴似箭，日月如梭”更让我有一种说不出的滋味。

以后，我每天放学回家，在庭院里看着太阳一寸一寸地沉进了山头，就知道一天真的过完了。虽然明天还会有新的太阳，但永远不会有今天的太阳了。

我看到鸟儿飞到天空，它们飞得多快呀。明天它们再飞过同样的路线，也永远不是今天了。或许明天飞过这条路线的，不是老鸟，而是小鸟了。

时间过得飞快，使我的小心眼里不只是着急，还有悲伤。有一天我放学回家，看到太阳快落山了，就下决心说：“我要比太阳更快地回家。”我狂奔回去，站在庭院里喘气的时候，看到太阳还露着半边脸，我高兴地跳起来。那一天我跑赢了太阳。以后我常做这样的游戏，有时和太阳赛跑，有时和西北风比赛，有时一个暑假的作业，我十天就做完了。那时我三年级，常把哥哥五年级的作业拿来做。每一次比赛胜过时间，我就快乐得不知道怎么形容。

后来的二十年里，我因此受益无穷。虽然我知道人永远跑不过时间，但是可以比原来跑快一步，如果加把劲，有时可以快好几步。那几步虽然很小很小，用途却很大很大。（选自林清玄：《和时间赛跑》，小学语文三年级下册，人民教育出版社。）

文章不长，但结语一语道破真谛：假若你一直和时间赛跑，你就可以成功。

朋友柚子毕业后，在一家还不错的企业当行政前台。柚子的工作很轻松，每天化着精致的淡妆，穿着公司统一的前台制服，脸上挂着甜死人不偿命的微笑，收收快递接接电话，打卡上下班。

如果不是公司突然宣布裁员，柚子就可以一直这样轻轻松松地待在公司里，日复一日年复一年。不幸的是，公司里很多负责研发、业务的精英都在这次裁员风暴中被纷纷劝退，柚子的前台工作更是不能幸免。

失业后的柚子又找了好几份前台工作，但都不理想。碰过几次钉子之后，32 岁的柚子才发现自己无论是自身硬件，还是人际交往、发展前景等都远不如那些后起之秀。

与她不一样的是，公司的另一位前台若霞姑娘却很快就找到了一份会计工作，薪水是前台工作时候的两倍。

虽然两人同年同月，都是32岁。

若霞姑娘在柚子忙着约会的时候报了会计班，利用一切闲下来的时间给自己充电。厚厚的会计资料、枯燥乏味的课程、残酷的会计考试……若霞姑娘都一一咬牙坚持下来。

在这场裁员风暴中，若霞姑娘全身而退，重新过上了厉害风光的人生。

柚子曾对若霞姑娘的努力嗤之以鼻，认为青春不用来好好享受真是太浪费了。但现在一对比就会明白，你是在办公室挥汗如雨，还是在花前月下卿卿我我，你对待时间的态度已经决定了你今后的人生。

又一次碰壁之后，柚子痛定思痛。她为自己制定了严格的计划，在努力工作的基础上，利用闲暇时间提升自己。凭着不服输的精神，她定期健身，上课培训，就连在跑步机上大汗淋漓的时候也不忘戴着耳机听外语课程。

后来的柚子涅槃重生，说着一口流利英语的她收获一枚事业人品都不错的优质男，自己也坐到了销售主管的位置。现在的她混得风生水起，和在前台工作的时候简直判若两人。

在评价自己的时候，柚子说："被我浪费的青春太可惜了，好在我浪子回头，在后来几年与时间的博弈中，我赢了！"

时间对每一个人都是公平的，但很多时候，我们太过羡慕别人左右逢源得心应手，却看不到她把所有时间都充分利用；我们只看到她的收入日进斗金，却看不到她披星戴月忘我工作……

所有看起来金光闪闪的姑娘，都有一段不为人知的艰辛，在你笑话别人不懂享受的时候，却没有看到她们持之以恒的毅力和对时间的规划能力。

要我说，青春这东西美丽不假，但不靠谱，稍不留神就没了。时间不一样，只要你跑赢了它，你一样可以享受扬名立万后的精彩。

感叹时间不够用的人，不是时间真的不够用，只是你想法太多，行动太少。这对每一位30岁的女人来说，是大忌。

爱自己，才是终身浪漫的开始

愿我们都可以做一个爱自己的人，只有爱自己才是终身浪漫的开始。希望每一位30岁的女人都可以坦荡地面对生活，洒脱地活出自我。

英国诗人王尔德在自己的作品中说：“爱自己，是终身浪漫的开始。”

这句话说得何其漂亮！爱，是对生命全然地接纳与信任。细细想来，我们从诞生的那天起，也就是为了“活下去”和“活得好”两个目标而已。

在完成这两个目标的过程中，爱自己是一种伟大的力量。

电影《前目的地》里就表达出了这么一个道理：

每个人都或多或少不可避免地有自恋情绪，只有自己才能知道自己的需求，当然，能满足自己的也只有自己。

很难想象，一个不懂得爱自己的人有多可悲。周国平先生曾说：“一个不爱自己的人，既不会是一个可爱的人，也不可能真正爱别人。只有先爱自己、认可自己、肯定自己，才有能力、有力量去爱别人。但现实却是，很多人被生活的一地鸡毛弄得苦不堪言，被连轴转的生活折磨得生气全无，究其根本，造成这一切的原因就是管得太多，想得太多，以至于最终连爱自己的时间都没有了。

朋友小文自结婚之后，就辞去了薪水远远高过丈夫的工作，默默退居二线当起了家庭主妇。婚后几年，她一直不遗余力地付出。在小文眼中，丈夫和两个儿子就是她生活的中心，这样说可能还不太确切，应该说，丈夫和孩子是她人生的全部。

在我们这一帮朋友之中，小文的家庭条件算是不错的。但即使这样，每次逛商场，她都舍不得为自己挑一件衣服，舍不得为自己做一次美容。

其实，刚认识小文的时候她可不是这样，那时候的小文总是走在时尚前沿，哪个品牌的护肤品又出了新产品，什么时候又流行什么颜色的口红她都了如指掌，甚至连即将流行的新衣服款式她都能预测个八九不离十……

不过，这些都只发生在婚前。

原本窈窕如花的少女，如今却不可避免地变成了一个身材微胖、衣着邋遢的中年女人。两个男孩十分顽皮，让她疲于应对，很难在她脸上看到笑容。

我看着她一身休闲打扮、渐渐增多的细纹、松弛的皮肤和怨恨凄苦的神情，觉得眼前的她和原来的她真是天壤之别。

岁月是把杀猪刀，刀刀催人老。

一次，我和小文一起去商场买衣服，一件浅粉色 V 领雪纺连衣裙立刻吸引了我的视线。我眼尖地看到，小文的视线也紧紧锁住这件连衣裙。

“去试试吧，你穿一定好看。”我对小文说。

小文虽已有些发福，但她 168cm 的身高，只要稍加修饰，平时再注意保养，绝对妥妥的辣妈一枚。据我目测，眼前的裙子一定很适合她。

小文上前看了看裙子吊牌上的价格，赶紧拉着我的手跑开了，一边走还一边说：“我都 30 岁的人啦。这裙子是给那些小姑娘穿的，我怎么穿得出去呢？”

我怎么会不知道，她是被吊牌上的四位数吓到了。那天逛商场，小文用不菲的价格给老公买了两件新衣服，给两个孩子买了品牌的衣服和鞋子，大包小包中，唯独忘记了自己。

现实生活有时候也如电视剧的桥段一般，很狗血。她这般忘我地无私奉献了好几年，老公的职位越来越高，收入越来越多。

他的每次进步小文都不忘向我们炫耀一番，就好像升职的是她一样。接下来，她老公出轨了。

小文知道这个消息后伤心欲绝，逢人就像祥林嫂一般地到处倾诉：“我究竟做错了什么，为了这个家我做牛做马，他为什么这样对我？”

看得出来，小文并不知道自己错在哪里。实在挽回不了，她答应离婚，但她希望知道为什么离婚。

“我需要的是精神伴侣，需要两个人共同成长，我并不需要一个老妈子似的女人，你把所有的精神人格，所有的寄托都压在我身上，我太累了。”老公给出了这样的答案。

你看，这个答案多讽刺，多鲜血淋淋啊！小文的付出在老公眼中，只是一个老妈子，只会给他带来巨大的压力！

在当今时代，每个人的自我意识都不断增强，这种一味付出的爱并不适合时代的发展需要了。小文错就错在她的“当牛做马”，错就错在她放弃自己，不爱自己。

每一个人在这个世界上都是独一无二的存在，不可被复制，不可被替代。可是，我们往往在深爱别人的时候，最容易忽略自己，忘记自己也是最特别、最值得被爱的那一个。

好好学会爱自己吧！这是我们每一个人的必修课。

有朋友劝小文，既然没有人再爱自己了，那么自己就要对自己好一点，才能不辜负往后的时光。

你的人生再糟糕，别人也替代不了。是啊！放弃一段感情之后，在遇到对的人之前，最需要做的就是好好爱自己，不要吝啬对自己的爱。

孔子说：三十而立。

但我周围的朋友却说，三十而色衰。听到这句话，我想对每一位 30 岁的女人说：

“生活在这个世界上，如果只是一味取悦别人，那难免就会委屈自己。不管生活多么忙碌，都要记得给自己一点独处的时间，做一些自己想做的事：化一个美美的妆、学一门喜欢的乐器、看一场热映的电影、听一场音乐会、来一次说走就走的旅行……”

世界是自己的，与他人毫无关系。只有爱自己，才是终身浪漫的开始。

淡化生活的不如意，用努力刷新自我

余生很长，请别浪费。当你阅尽沧桑，看遍世事人情，你就明白：人生虽苦，也要笑靥如花。愿所有遗憾都是日后惊喜的铺垫，愿所有铺垫都让余生惊喜不断。

有段时间，我的周围总是充斥着各种声音，这些声音让人不胜其烦却又避之不掉：

“生完孩子后怎么胖了这么多？赶紧减肥啊！”

“呀！你脸上的蝴蝶斑怎么还没消下去，多难看啊！”

“你都30好几的人了，怎么还穿这么粉嫩的颜色？”

“打扮太中性了，妥妥的一枚女汉子！”

……

你看，就是这样。

说我裙子的颜色太粉嫩，于是我穿牛仔裤，这样又有人说，因为在别人眼中，我这样的打扮太中性；因为身材修长高大，又被说成女汉子。总之，不管我怎么做，都有声音告诉我：自己不够好，好像怎么做都是错。

后来，我干脆屏蔽掉这些声音，心里就想：我想怎样就怎样，关你何事！

如果只想去取悦别人，为了迎合别人的审美观，而把自己打扮成别人所希望的样子，这其实是很可笑的。因为每个人，都有自己独一无二的特质。如果什么都听别人说，那岂不是早就累死了？

闺蜜燕子最近改变挺大的，上周聚会我们都被她精心打扮过的样子惊羡了一把！

以前，燕子的额头都被厚厚的刘海遮住，只有我知道，她小时候因为贪玩受伤，额头上留下了一道浅浅的疤痕，她害怕别人看到，就用刘海遮住。本来脸就很小的她在厚重刘海的衬托下显得更加“楚楚可怜”。

漂亮这种事也是讲究比例的。她的厚刘海不仅没有为她的美丽加分，反而大大拉低了她的颜值。直到最近，燕子梳起了那些刘海，露出光洁的额头，略施粉黛的燕子看起来我见犹怜，别提多清新脱俗了。

咖啡厅的灯光下，燕子额头上的疤痕在她巧妙的化妆手法下，不仔细看根本看不出一点痕迹。

“你不是不愿意把刘海梳起来吗？最近哪路菩萨显灵了？”趁大家不在，我偷偷地打趣。

“我想通了，还是把刘海梳起来吧！不管怎么样，这道疤已经成了我生命的一部分，尽管对我来说这道疤是不完美，但这才是最真实的自己。”

是的，尽管有些事情很遗憾，但这也是自己的人生。末了，燕子还悄悄告诉我：自从我把刘海梳起来后，我感到前所未有的轻松。

怎么能不轻松呢？卸下了多年的负担，看开了年少时不经意间留下的遗憾，心情自然轻松许多。

我从上大学起就一直很喜欢看湖南卫视《快乐大本营》这档综艺节目，这个习惯一直保持到现在。

喜欢看这档节目的人应该和我有一样的感觉：一干主持人中，吴昕似乎是最没有存在感的一个。很多时候，一期节目结束，她几乎说不上几句话。

“占着这么好的资源，不努力不上进，总是做别人的陪衬，真让人着急。”我对同样喜欢看这档节目的朋友这么说。

事实证明我错了，而且错得极其离谱。后来，吴昕曾在《脱口秀大会》上讲过这样一段话：

“我是一个在自己的步调里不断努力、不断刷新自己的人。我从来都不想争第一，也不想当一哥一姐。但是我相信，通过我不断地努力，一定会让大家看到一个全新的自己。”

就是这样一个让我曾经为之着急的女孩，接二连三做出了让人瞩目的成绩：2009 年，与杜海涛携手出新书《木土日斤》；2010 年，同主持团“快乐家族”发布专辑；2013 年，出演了电影，也参演了电视剧；2015 年，参加真人秀；2017 年，与李维嘉主持首档网络综艺节目……

应该说，吴昕因为《快乐大本营》有了一定知名度，但她一直甘做绿叶的角色。2017 年的吴昕，人生就像开了挂一样，一路走红！她变得成熟，更有魅力了。

星途一片大好的吴昕，频繁地登上时尚杂志封面，30 多岁的她浑身散发着粉红色的恋爱气息。整个人活力四射，越来越青春洋溢。

现在的吴昕用实力向喜欢她的粉丝证明，自己早已不是过去那个明明有颜有才、却不温不火的快本女主持人，而是早就蜕变成自信十足的综艺花旦。

原来，世界上真的有“厚积薄发”这回事。

正如吴昕自己所说，她是一个不断刷新自己的人。经过不断尝试，不断挑战，她开始参与如《极速前进》《我们相爱吧》等多档综艺节目，厚积薄发的她更是独挑大梁，从低调女主持一跃成为芒果台当家花旦。

在吴昕身上，早已看不到她主持时青涩的痕迹，台风越来越稳健的吴昕后来更是一举获得“年度风尚跨界女艺人”奖。

除了在主持界和时尚界走出一条属于自己的路，吴昕更是尝试不同的角色出演《左耳》《倾世皇妃》《深夜食堂》等电影、电视剧。

2018年，吴昕又推出新作品，变身贺岁大片《春战》女一号。

看到吴昕一路开挂，我真为自己曾说过的话感到无比汗颜。就在我们这些吃瓜群众怒其不争、不看好她的时候，吴昕却在自己的生活里美出了一个新高度。

现在的吴昕谁还会说她不出色呢？我们完全有理由相信，她自己选择的才是最适合她的那条路，才是她自己想要的生活。

有人说："面对生活的不如意，要有在马桶上仰望星空的态度。"被认为"孔雀化身"的舞蹈家杨丽萍老师也曾经说过："阳光也是可以下饭的。"

同样的阳光，有人将它看成平常的日升月落，而聪慧的女人则把它当成了幸福的调剂品。30岁的女人更应明白，生活大多平凡，只要你有在马桶上仰望星空的能力，无论如何请相信，你一样可以妆容精致、衣服光鲜、事业开挂、爱人心心相印……

爱好，让你活出女人最美的模样

希望每一位 30 岁的女人都可以利用一切时间和途径去不断打磨你的兴趣爱好，这往往让人变得魅力而特别。

在《跨界歌王·第三季》的舞台上，竟然意外地看到了“文艺女神”徐静蕾的身影。

徐静蕾是影视圈公认的才女，她是演员、是导演、是编剧，同时还是北京电影学院的老师。鲜为人知的是，在生活中，徐静蕾还是一个“不务正业”的人：写书法、做手工、画水彩，40 多岁的她活得像个 20 岁的少女。

就是因为平常这些爱好，她把日子过得丰盈而有趣，因为有自己这些小情趣，徐静蕾活出了一个女人最美的模样。

徐静蕾在参加一档访谈节目时曾说过这样一段话：“演戏，收工，无论几点，总要做两个小时手工再睡觉。慢慢发现，做手工居然是最好的休息。专下心去，就什么事都忘了，满脑子都是那些好看的布料、珠子，那种感觉——特美。”

单位有一个叫悦悦的姑娘。

她的故事很励志，因为她只用了短短两年多时间就从最底层员工晋升为部门经理，有些嫉妒她的员工总是不无醋意地说：

“颜值高，升为经理理所当然，不然哪有那么好运气？”

“她那张嘴多会说啊，没见过这么会来事又会聊天的小妮子。”

……

每每听到这些说辞，我都忍不住替她怼一句：谁说颜值高，会说话，会来事就一定能升职，要不你试试？

悦悦之所以能完成蜕变，除了她过硬的工作能力外，她的业余爱好也帮忙加了不少分。职场中可别小看兴趣爱好的力量，它不仅能提升你的个人魅力，还有利于打通你的人脉关系网。

悦悦爱好健身，不管风吹雨打，下班后她都会在单位大厦的健身房里运动一小时，这一个小时，让她和同样爱好健身的公司经理有聊不完的话题。

在公司年会上，悦悦脱掉干练的职业装，穿上紧身衣，踩着高跟鞋，烈焰红唇性感十足地跳了一段动感十足的桑巴，看着举手投足风情万种的她我们才知道，悦悦有长达二十年的舞蹈功底……

那一刻除了被她惊艳，我们找不到合适的词来形容当时的感受。

这些都还不算，在我们一帮人都捧着手机做消遣的时候，只有悦悦随身携带一本书，古今中外、名著小说、探险科幻……无不涉猎。

悦悦在职场上凭借过硬的水平，骄人的业绩得到晋升；在私下里也因为才华满腹和诸多的兴趣爱好运气爆棚。

在《人类幸福》一书中，迈克尔·福代这样写道："幸福的人们似乎总是比其他的人有着更多的乐趣。"这句话我们也可以这样理解，如果你感觉自己的生活不幸福，也许只是因为你缺乏兴趣爱好。

周末，约上好友带上孩子，去北京植物园。

时近正午，忙忙叨叨一上午的我们都有些饥肠辘辘，正琢磨去哪里填饱肚子时，陈红从小拖车里拿出她亲手制作的提拉米苏蛋糕。

一看到这么诱人的蛋糕，我们几个赶紧铺好垫子，席地而坐，和小家伙们一起吃起来。

坦白说，陈红的提拉米苏比专业蛋糕店的还要美味几分。有朋友打趣说："你干脆别教瑜伽了，直接开个蛋糕店，生意保证火到爆！"

这话倒是不假。

事实上，陈红的工作很是辛苦，一对一授课。每天的课时几乎都非常满，一天下来，常常口干舌燥。再加上学员中有不少是上班族，她的周末很少在休息中度过。但即便如此，她都没有放弃对美食的追求。

只要有空，她就变着花样尝试制作不同的美食。

一款很平常的杯装蛋糕，配上几朵红艳艳的小蔷薇，马上活色生香；一碗营养的羹汤，在几颗红枣枸杞的点缀下，马上让人食指大动；可口的料理，餐具边挤上几道随心所欲的柠檬酱，立即变得高大上；就连一杯不起眼的鲜榨果汁，她都会用几片鲜薄荷叶、一片鲜柠檬做配饰……总之，她的手艺让人惊艳不已。

我最喜欢的动物是小猪，过生日时，陈红对着黏土教程学了大半天，特意给我做了一个萌萌的小猪蛋糕：扎着蝴蝶结的小猪肚子胖乎乎的，还色眯眯地看着我，真是萌化了。当我把这个蛋糕上传发到朋友圈后，获赞无数。

陈红对美食的追求到了极致，有时为了买到最新鲜的食材，她会早起到市场采购，一顿饭菜下来，时间精力都花费不少。

"你那么忙，不觉得累吗？"我不解地问。

“怎么会累呢？”陈红回答，“当我专心烹饪美食，我会感觉身边的一切都变得美好起来，仿佛时间都静止了。这种感觉妙不可言！”

夕阳的余晖倾泻在专心做曲奇饼的陈红身上，看到她双眼闪烁光芒，我在她脸上看到一种令人动心的喜悦之情，我知道，那种感觉叫幸福、叫满足。

看到陈红如此专注美食，我相信：喜欢美食的人，也通常能把生活过得热气腾腾。因为她内心怀着对生活的热爱，一餐一饭，都讲究精致。

是啊！每个人都应该拥有自己的兴趣爱好，才能抵御平凡琐碎生活中的一地鸡毛。

爱好，其实就是我们所感兴趣的人和事。再小的事，只要你有兴趣，就可以发展成为一个爱好。

得知我在学古筝，一位朋友不以为然地说：“学那玩意有什么用？既不能当衣穿，也不能当饭吃。”

其实，她应该还想说，学古筝这玩意，特费钱吧！

我没有接话，只简单“呵呵”一句完事。“爱好是一种非功利的喜欢”，爱好是“无用”的，它与功名利益无关，只为愉悦身心。

邻居兰溪是一名医生。

偶然看见她的朋友圈有了新动态。点开一看，文字下面有一张风景照片，照片拍得大气磅礴，乍一看还以为是哪个著名景点，可显示的位置就在我们小区。

我开始搜肠刮肚地想兰溪这是从哪个角度拍才能有这样令人惊叹的效果呢？我怎么从来都不知道，我们小区居然这么高大上？

37 岁的兰溪总能从日常生活中发现不平凡的景致，捕捉稍纵即逝的瞬间。在她的镜头下，不管是玫瑰花上的一滴露水，还是巧夺天工的鸟巢故宫颐和园，你都能在一幅幅照片中感受到撼人心魄的力量。

“从第一架相机到家里近万张照片，摄影早就成为我生活不可或缺的一部分。我是用这种方式记录生活中的美好，记录岁月流逝，也是用这种方式感受生活中隐藏的诗意。”

品茗、摄影、瑜伽、书法、花艺……不论你拥有什么爱好，都可以让你体验不一样的生活方式，不断探索生命的广度和深度。作为 30 岁的我们，最应该在生活的常态之外，追求更诗意的世界。

爱好，无疑是表达自我的最好途径。

岁月不饶人，我亦未曾饶过岁月

文坛巨星木心曾说过："岁月不曾饶过我，我亦不曾饶过岁月。"以一颗平常心对待生活，大起大落面前不慌乱，走入荒漠之中不孤单。——这就是时光，这就是岁月。

岁月两个字，写起来简单，听起来幽远。经历过却是，风雨兼程，步履蹒跚。岁月，在诗人和作家笔下，永远美如皓月当空，静如菩提明镜。花开有姹紫嫣红，窗外有云卷云舒。但在我们普通人眼里，岁月不过是柴米油盐、升职加薪、七大姑八大姨……

前一阵子看了一篇报道，讲的是"不老女神"刘晓庆在她62岁的时候做了一件让人目瞪口呆的事情——高空跳伞。

这是刘晓庆第一次做这种极限运动，而且还是从4500米的高空落下来，对于30岁的我们来说，估计大家想想就觉得腿软。

然而刘晓庆的跳伞运动却完成得十分轻松，她还连续发了很多自己的照片。让大家深感意外的是，照片里的刘晓庆居然笑得十分自然与开心。我们知道，高空上的风可不是一般的大，别说头发，就是脸部的肌肉也会被吹变形。

但刘晓庆却依然从容地展示出自己标志性的笑容，露出八颗牙齿，微笑面对镜头，手臂张开，像是自由翱翔。说实话，这是我见过的跳伞照片里最好看的样子。这种自然轻松，完全就像是在静止的平地面拍摄的。

陈奕迅也跳过伞，上节目都还说："跳伞很好玩，但是我被拍出来的表情和照片却成了我的黑历史。"

这样一对比，刘晓庆这么大的年纪居然对自己的表情控制得这么好，真是让我有点匪夷所思。可不！刘晓庆就是这样一位几乎被岁月遗忘的女人。

1951 年，刘晓庆出生于四川成都，和同龄人一样，她经历过三年自然灾害、改革开放，下过乡，当过兵。但她凭借自己优异的表演天赋、不懈的努力，改变了自己的命运，从一个高中毕业的普通人，成为家喻户晓的电影明星。

从电影《小花》开始，到后来的《瞧这一家子》《武则天》，她塑造了许多令观众印象深刻的艺术形象。可以说，刘晓庆从 50 元的小角色演起，到重新演霸气的女主角，她跌宕起伏的人生反而成了最好的馈赠，如今的刘晓庆温柔而强大，人生兀自精彩。

访谈节目中，刘晓庆这么总结自己：我失去的是有价的和有限的，获得的是无价的和无限的。从内心深处，我感谢岁月中经历的这一切。

看人生成败，问谁没有庆幸过自己？

品岁月艰辛，问谁没有辜负过自己？

尝人生百味，问谁没有委屈过自己？

没有谁的生活，是不委屈的。但是，即便有 99 种委屈，也会有 100 种方法，帮你对抗这不安的世界。现在想想，人的一生，就是一场体验。即使生活每天都是鸡毛蒜皮又怎么样？能把平凡无奇的日子过成诗那才是本事。

说起大家心目中曾经的女神，周慧敏绝对当之无愧，在娱乐文化还不是很盛行的时候，周慧敏就已经成为大家心中的女神了。长相甜美的周慧敏是“玉女”的代言人，集万千宠爱于一身，我在学生时代非常喜欢她，就连宿舍墙上都贴满了她的海报。

严格说，周慧敏长得并不是十分漂亮，但却给人一种简单清新、不食人间烟火的感觉。她在唱歌方面非常有天赋，早早成名的她不喜欢娱乐圈的争名逐利，于是很早就淡出了娱乐圈。

2018 年年初，51 岁的周慧敏在香港红馆开了一场演唱会。演唱会上，周慧敏穿着修身长裙，长腿纤细，身材完全没有任何发福的迹象，你再看她又蹦又跳宛如少女的样子，这样的高颜值不就是大家追求的“不老女神”吗？

有人将舞台上51岁的周慧敏演出照片放到了网上，单从照片看，照片中的这个女人绝对不会超过35岁，因为无论是颜值还是身材，照片中的周慧敏都完美得无可挑剔。

都说岁月不饶人，可岁月好像从来打不败像周慧敏一样蕙质如兰的女子。

不管是一生跌宕起伏的刘晓庆，还是舞台上明艳动人的周慧敏，她们从不畏惧年龄，纵然时光流转，但依然做到：岁月不饶人，我亦未曾饶过岁月。

再看看30岁的我们，是不是整日连化个淡妆都嫌麻烦，静不下心来读一本好书，借口说没有时间来培养一种爱好，腾不出时间来健身，却用大把的时光刷手机、追剧、泡酒吧……

这样的女人，岁月除了馈赠你臃肿的身材、爬满脸庞的皱纹、肤浅的见识还能有什么呢？“女神”？恐怕连想都不敢想吧！

第三章

让30岁女人的风情如花般盛开

讲究的女人，让生活更体面

真正的讲究，是一份热爱与向往，任他山河破碎，我自心向阳光；真正的讲究，是一份诗意的追求，任他平凡如斯，我自心无挂碍。讲究是一种生活态度，它意味着：生活随性，但不随便。

之前，被网上一篇报道雷到了：“日本有个小伙，每天穿着西装去种田。”穿着西装去种田，这清奇的画风简直让人难以想象。

“这世道，真是变了，我们这些 30 多岁，上有老下有小的油腻中年，连化个妆都嫌麻烦，可你看人家小伙子，穿着西装去种田！我们真是弱爆啦！”

“可不？我很难把一身泥水的农民和大雅的西装联系起来！”

“你们说，穿着西装，打着领结，在泥糊糊的田里背个背篓子，这会不会很滑稽？”

……

办公室里炸开了锅。

报道中，这个叫 Kiyoto 的小伙子穿西装种田的事千真万确，被国外很多媒体报道过，就在我们惊诧莫名的时候，他在采访中这样掷地有声地说：

“为什么农民就应该脏兮兮的？没什么事情是应该的。衬衫和领带搭配很优雅，我就是喜欢穿西装，而且我也喜欢种田。我不想在我最好的年纪，穿得最丑。”

小伙子的回答瞬间让我们觉得狠狠被打脸。

穿西装是需要保持身材的，所以种田的小伙子，坚持每天穿西装的同时，身材也保持得超级棒。

这就是讲究。

在很多人看来，“讲究”意味着用最奢侈、最高级的东西。事实却是，“讲究”从来和钱无关，它只是一种生活态度。

住不起宽敞豪华的房间有什么关系？铺一块素雅干净的桌布，插一支含苞待放的花，摆一套干净的餐具，手工 DIY 几件不错的工艺品……

在自己的能力范围之内，过着讲究的诗意生活，会让你看起来更体面。平凡生活里的干净，才是最了不起的讲究。

电视剧《后宫·如懿传》热播，我又一次被周迅饰演的如懿圈粉。

如懿被自己的贴身宫女阿箬背叛，贵妃和皇后的联手陷害，污蔑她是杀害两位皇储的凶手。面对“铁证如山”，如懿百口莫辩。“渣渣龙”皇帝虽相信如懿，但为了堵住后宫前朝悠悠众口，为了让陷害如懿的人就此打住，皇帝也只能暂且将她打入冷宫。

离开延禧宫的时候，如懿一身素简，不施任何粉黛，但是却将自己的护甲小心翼翼地戴好。宫女惢心看到后，提醒说：

“后宫这种地方，护甲怕是用不着呢！”

“戴着吧！即使去冷宫，也要体面些。”如懿一脸恬静。

冷宫的日子并不好过，不仅居住的环境脏乱差，吃的食物也是发霉的残羹冷炙，而且还要面对前朝一些疯疯癫癫、神志不清的女人。即使境遇如此糟糕，如懿也是托冷宫侍卫凌云彻买来花籽，种在冷宫的墙角下。

在冷宫种花的女人，如懿恐怕是破天荒的第一人吧！这些花，不仅是她暗无天日生活中的一抹色彩，更是对今后美好生活的希望。

一个人要过得体面，并不需要香车豪宅，也不需要万人敬仰，只需内心的丰盈与富足。因为这样的人能够享受生活的平淡，无畏人生的暗淡。

去年，公司的一个男同事离婚了。他的妻子不仅疯狂地打电话给他，还到我们单位围追堵截，甚至跑到公司大闹一场，说让领导给做主。

一开始，她哭喊着讲述过往，我们也听得揪心。可后来，我们看到她像祥林嫂一般的逢人就大骂同事负心汉，真为同事的离婚感到庆幸。

据小道消息，他们两个属于闪婚，婚后矛盾慢慢表露无遗，争吵着过了小半年，男同事当机立断好聚好散，女方对离婚坚决说“NO”。可是，如果对方已经不爱你了，再纠缠下去只会徒增厌恶，还让自己被别人看低。

我们很想不通，私下说：“30多岁的年纪，为什么不开始一段新的感情呢？这样做看起来太狼狈、太不体面了。”

身边总有人觉得自己过得不幸福，其实，说这话的人只是缺少让自己幸福的能力。明明可以选择放下，却选择了委屈自己，可以活得精致，却选择了妥协和将就。

一个女性朋友离婚后带着5岁的女儿生活。不同于单位同事妻子的苦苦纠缠，她强迫自己用最短的时间振作起来，毕竟孩子还小，生活还得继续。

得知她离婚的消息，先是父母哀叹，然后就是朋友们细细数落一个30多岁的女人还带着一个孩子的种种不易。

不管别人说什么，怎么看，她都微笑以对。请了十天假，处理好各种离婚事宜，仍然像往常一样规律地生活，好像什么都没有发生过一样。

下班把孩子送到兴趣班后，开始瑜伽、健身；周末把孩子送到父母家，学肚皮舞、学书法忙得不亦乐乎；在单位，笑靥如花，照样谈笑风生。

后来，她在学舞蹈的时候认识了一位条件品味各方面都很优秀的男人，从开始的浅谈到深交，鲜花、烛光晚餐、情人节礼物……男人开始对她展开猛烈的攻势。

“你们不知道，当看到他每天上下班都开车接送我的时候，单位那些人的眼珠子都差点瞪出来。我知道，他们想看我的笑话，离过婚的‘二锅头’能有什么春天？人家只不过和我玩玩而已。”

“那现在呢？恐怕他们只有羡慕嫉妒恨的份儿了吧？”我问。

“那可不？我就是要活得体面些，才不给他们看我笑话的机会呢！”她一脸傲娇，“国庆节我们就要结婚了，你可一定要来哦！”

她是该傲娇，看到她如此体面地生活，可能很多人都想不通，一个离过婚还带着“拖油瓶”的女人凭什么能找到一个优质男，跨入一段公主王子般美好的婚姻中？究其根本，在于她从不放弃自己，对生活讲究，有重新开始的能力。

人的一生过成什么样儿，关键在于你的选择。从将就到讲究，从讲究到体面，往往就在你一念之间。

你若将就，生活自不会迁就；你若讲究，幸福便如影随形。30岁女人，更应该明白个中真谛。

30岁女人，要相信心态的力量

那些在生活里始终优雅的人，不过是深深懂得：以相对好的心态，来面对生活中的难处；以更好的状态，帮助自己快速走出低谷；以一个始终美好的姿态，体面地迎接生活中的每一天。

好久不见琪琪妈了，上周末接孩子放学时竟意外地见了一面。因婆婆要回老家带刚出生的小孙子，所以琪琪妈只好自己接送孩子。

奇怪的是，琪琪妈看上去很憔悴，像老了好几岁。虽然脸上也仔细地擦了粉，抹了口红，但疲态尽显，完全没有了刚认识她时的光彩靓丽。

“你这是怎么了？看起来精神不太好啊？”我随口说一句。

“嗨！别提了。老公几年前就惦记着自己做生意，你说他那么木讷，那么不擅长交际，当时我就不同意，安安心心上个班多好，非要把好好的工作辞了开什么房产中介。这下可好，快倒闭了，真是怕什么来什么……”琪琪妈一脸愁容地絮絮叨叨。

“呀！孩子出来了，还是先接孩子吧！”看到孩子下课，我赶紧借口接孩子结束了这次谈话。

“提心吊胆好几年，还是被我说中了。往后这日子可怎么过啊？”离开的时候，琪琪妈又说一句，这句话像说给自己听，又像说给别人听。

我没有接话，打个招呼告别后就离去了。

从认识琪琪妈开始，她好像就没有开心过，每天都一副忧心忡忡的样子。刚结婚的时候，她和老公租房住，虽然日子不是太富裕，但她老公勤奋踏实，努力上进。辞去工作后开了一家房产中介。那时，琪琪妈很羡慕别人有房有车，和我们聊天的时候，说起自己的情况总是唉声叹气。

“我委屈点没关系，可是这有了孩子可怎么办呢？”聊到最后，琪琪妈妈总是加上这样一句话。

那几年，房产生意火爆，他们家日子越来越好，不仅车子有了，房子也有了，买房的那年她生下了琪琪。我们都觉得：这下琪琪妈该高兴了吧？

可是，琪琪妈还是很担心，她觉得，老公有钱了，会不会慢慢看不上自己？又想，不善言辞的老公会不会被一起做事的伙伴给坑了……

总之，就是各种数不胜数的担心。

一开始我们还总是劝她，凡是都要往好处想。但时间久了，我们和她相处感觉有点压抑，慢慢就疏远了。没想到一段日子不见，明明才 30 多岁的她看起来比实际年龄苍老了好几岁。

看到总是忧愁的琪琪妈，我不禁想到一个故事：

有一对性格截然不同的双胞胎，哥哥是彻头彻尾的悲观主义者，弟弟则是个天生的乐天派。

在他们 8 岁那年的圣诞节前夕，家里人希望改变兄弟俩这种极端的性格，于是为他们准备了不同的礼物：给哥哥的礼物是一辆崭新的自行车，给弟弟的礼物则是满满的一盒马粪。

拆礼物的时候到了，家人聚在一起，都等着看他们的反应。

哥哥先拆开自己面前那个巨大的盒子，看到崭新的自行车不但不高兴，反而还哭了起来，一边哭一边说："你们知道我不会骑自行车为什么还要送我这个呢？外面下着这么大的雪，我就是想骑也不可能啊！要是摔坏了腿可怎么办呢？"

正当父母手忙脚乱地希望哄哥哥高兴的时候，弟弟好奇打开了属于自己的那个盒子——房间里顿时臭不可闻，充满了一股马粪的味道。

出人意料的是，弟弟高兴地欢呼了一声，然后就兴致勃勃地东张西望：“快告诉我，你们把马藏在哪儿了？”

对于悲观的人来说，再好的事情都有不好的一面；对于内心充满阳光的人来说，即使天空下着雨，他的内心也是明媚的。

琪琪妈每天都在为了各种事情忧愁，杞人忧天的她总是更容易看到事情糟糕的一面，整天把烦心事挂在嘴边，这些负能量都在不知不觉中偷走她的福气和快乐。

这几年因为种种原因，房产生意有些不太好做，本来情理之中的事情，但在琪琪妈看来便觉得到了世界末日一般，愁得饭也吃不下，觉也睡不好，整个人毫无光彩可言。

英国著名作家狄更斯曾经说过这样一句话：“一个健全的心态，比一百种智慧都更有力量。”的确，在生活和工作中，真正左右我们行动的是心态。一个人有什么样的心态，就会有什么样的人生，心态才是我们真正的主人。

30 岁的女人，更应该意识到这一点。

上次，我乘坐好友陈梅的顺风车外出办事。

那天的天气实在恶劣，不仅刮着四五级大风，还下着瓢泼大雨。雨天行车，安全最重要。陈梅的车刚买几个月，虽然雨刮器不停地刮着，但视线还是很模糊。这时，前面的斑马线正好有个行人经过，陈梅小心翼翼地减速停车。突然，“嘭”的一声脆响，车身一震，我们的身体不由自主地狠狠前倾。

“呀！发生什么事情了？难道我们的车被后方的车亲上啦？”一脚刹车，陈梅一脸懵圈地看着我。

“可不是，被追尾了！”我冷静地告诉她这个事实。

“看来，宝马就是招人‘稀罕’。”陈梅无奈地拍打一下方向盘。

就在我们刚反应过来的时候，后车司机已经下车来到我们跟前，气急败坏地冲我们嚷嚷：

“会不会开车？速度慢就算了，还突然减速，有你们这样的吗？”

“刚才路前有行人经过，我不减速难道冲上去吗？雨天行车，你难道不应该和我保持安全距离吗？”陈梅撑着伞看了看车辆追尾情况，边走边说，“我车上有行车记录仪，谁的责任交警说了算！”

就在后车司机骂骂咧咧的时候，陈梅收起花雨伞，灵活地钻进车里，打了事故电话。

整个过程中，陈梅不急不躁、不争不辩，她的妆容一点都没有花，但因为风大的缘故，头发被吹得有点乱。

“不行，得补补口红。”对着车前的镜子，陈梅打开音乐，从小手包里掏出雅诗兰黛的口红，仔细地涂抹起来。

“可惜，刚买的新车就这么被刮了，不管怎么样，修车都挺麻烦的。”我蹙起眉头，有点替她不值。

“车被擦了有什么要紧，我们又没事。”陈梅好像一点也没受追尾事件的影响，“刚才开车还挺紧张，这会儿倒轻松了。”

陈梅没心没肺地跟着车里的音乐哼起来：“……是谁风里雨里，一直默默守护在原地。原来你是我最想留住的幸运，原来我们和爱情，曾经靠得那么近……”

是那首《小幸运》，可我一点都不觉得遇见这种事有多幸运。

后来，交警来了，判对方的全责，事情得以解决。

“你的心也太大了吧！”我说，“要是我，早和他吵起来了？”

“吵架有什么用，只能让自己更难看。你看我，妆也没花，还能听音乐，这不挺好吗？”陈梅笑着回答，“哎呀！也不知我刚买的香奈儿鞋子遇水会不会脱线？这可是老公从国外给我带回来的……”

不说了！敢情车辆被追尾远不如妆容花没花、鞋子怕不怕水更重要。

陈梅信奉这样的真理：每个人的一天都只有 24 小时，你在烦恼的事情上多耽搁一秒，快乐的时间就缩短一秒。

同是两个孩子的妈妈，脾气不好的我经常被两个家伙折磨得疲惫不堪，于是我就会忍不住河东狮吼，因此家里经常气氛压抑或鬼哭狼嚎；但好脾气的陈梅却能很好地处理和孩子们的关系，在老公面前也是小鸟依人，浅笑盈盈……

难怪，有两个孩子的陈梅虽然30好几了，但看上去仍然像20多岁的姑娘一样面色红润，满脸胶原蛋白，这样心态好的女人不年轻才怪！

所谓相由心生，恐怕就是这样了吧！

快乐是30岁女人最好的化妆品

人之所以不快乐，不是我们拥有太少，而是我们计较太多。不要只是看到别人过得幸福，就自怨自艾。做快乐的女人吧！因为快乐的女人，总是魅力四射，激情洋溢的。

远在成都的朋友婷婷一下班就打电话给我，电话那头的她一把鼻涕一把泪地控诉白天所遇到的种种糟心事：

上小学的女儿拖拖拉拉，赖在床上迟迟不起，以至于迟到被老师批评；

老公一点也不讲究，洗个脸的功夫就把洗手间弄得满地是水，以至于婆婆滑倒摔伤了腿；

自己开车上班被后车追尾，明明责任很明显，可后方司机非要报警，以至于上班迟到，全勤奖又泡了汤；

辛辛苦苦做了好几天的方案，被老板批评得一无是处……

“哎，生活怎么他妈的这么难！”末了，婷婷忍不住爆粗口。

我简直不相信自己的耳朵，印象中那个说话温言细语，待人和善的婷婷居然也有这样的一面？

“每个人都是这样啊！谁没有几天倒霉的黑日子呢？挺一挺就过去啦！”我笑着安慰，“来，嘴角45° 上扬，笑一个，快乐一点嘛！”

“快乐？我哪里来的快乐，这日子什么时候才是个头啊！”婷婷苦大仇深地扔过来一句。

多大点事呢？不过就是生活中的鸡毛蒜皮罢了，可有时候我们就是这样，把这样的不开心无限放大，以至于找不到快乐。

刚生完孩子那会儿，我也总是被孩子的哭闹、先生的早出晚归弄得身心俱疲，对谁都一张苦瓜脸，甚至一度觉得生孩子就是个错，生活也毫无乐趣可言。

一天，又遇到一件烦心事。本来又准备大发脾气的我，愣是被天性乐观的先生“忽悠”得心情大好。

那天，孩子放假去了姑姑家。我和先生约好，下午去银行申请完公司账号就找个饭店好好打打牙祭，也算庆祝公司顺利注册。可是不凑巧，还没等东西带齐门就被一阵妖风给锁上了。更糟糕的是，门锁电量不足，不管是指纹开锁还是密码开锁都无济于事……

“你说一个门整这些高科技有什么用啊？这么容易就被锁，我还进不进啦？”我气呼呼地踹了一脚大门。

“咦？你带身份证了吗？”先生没头没脑地问一句。

“好像带了。”

“带了就好，今天孩子不在家，要不我们去开个房浪漫一下？”先生一副不怀好意的样子。

“说什么呢？好好的开什么房，你大方我还舍不得呢！”

“别啊！”先生一脸正经地说，“你看，门被锁也不是你我乐意的，可我倒觉得这是个好机会。家门进不去，我们可以推开无数酒店的门。想象一下，每一扇门里都有空调西瓜和不限量 Wifi，还有啤酒烧烤足球赛，人生就是关上一扇门，然后推开一扇新的门。”

“打物业电话，联系厂家就好啦！”我已经被先生的描述动心了，说这话的时候明显底气不足，弱弱地补充一句，“好是好，可是别推带星的酒店门，肝疼！”

“既然你舍不得，那就推一个晚上能看星星的。”

看到这里你们一定觉得，接下来的事情一定很浪漫，酒店大大的落地窗可以欣赏斑斓的夜景；整洁馨香的房间里说不定还有浪漫的烛光晚餐，毕竟难得奢侈一次。可接下来发生的事情真让人啼笑皆非。

那天，先生在一家户外用品店租了一个帐篷，流了不知多少汗，费了好大力气才在大运河旁边搭好这个租来的“房间”。

“热死了，空调呢？”我不满地问。

“自然风，南北通透。”先生拉开帐篷上的“小窗户”很认真地说，“你不是一直吵着没有住过帐篷吗？今天我给你圆梦。”

“什么西瓜，什么 Wifi，什么烧烤足球赛，原来都是骗人的！”

“嘿，我是那样的人吗？”先生很不服气，变戏法似的拿出半个大西瓜，西瓜上还贴心地插上了两把勺子。这还不算，他还真的拿出了啤酒，烤羊肉串，还有我最爱吃的烤鳕鱼……

“怎么样？还行吧？”先生狡黠地一笑，“你用 Ipid 看《如懿传》，我用手机看球赛，两不耽误！”说完，还不忘叮嘱一句，“别心疼流量啊！这点钱，我分分钟给你赚回来！”

老实说，那天晚上一点都不美好，不仅被野外的蚊子盯得浑身是疙瘩，还被后半夜运河边的凉风吹得感冒了好几天，但我依然觉得很快乐！

有些事，不要和它较劲，换一个角度就会心情大好。

先生总说，生活已经不易，如果总是不快乐，太不值啦！被他感染的次数多了，我才明白：结婚，真应该找脾气对味的人，因为这样的人总是有大事化小、小事化了的本事。现在，我也试着乐观、再乐观一点。

兴许是笑容多了，事情看开了吧！不再头疼失眠的我每次朋友聚会，都会被问：是不是又换什么大品牌的护肤品啦？面色红润，人也精神多了。

其实，快乐才是一个女人最好的护肤品。因为，不快乐的女人总是一脸阴霾，或许和我一样也会晚上失眠，如此这般，哪有精神面对第二天的柴米油盐？

看过这样一个故事：

有一个商人，他尽管十分富有，却并不快乐。他觉得自己很倒霉，虽然坐拥财富，却不曾拥有快乐。

“我要到美丽而神秘的远方去寻找属于自己的快乐。”商人下定决心。之后，他便背着许多的金银财宝启程了。

背上的包袱越来越沉重，他发现，自己走得越远越烦躁，而快乐的影子都还没有找到。即便路上风景优美，但因为背负沉重的包袱，气喘如牛的他根本就没有心情欣赏大自然的云蒸霞蔚，雾霭流岚，当然，他更没有心情去体会那种闲云野鹤的幽然自在。

一天，他正忙着赶路的时候，迎面走来一个哼着歌儿，脸上绽放着快乐笑容的农夫。农夫衣衫褴褛，他忍不住问：“看上去你并不富有，可你为什么这样高兴？”

“为什么不高兴呢？地里的麦苗已经抽穗；刚才在路边，我又幸运地拣到了一些蘑菇。有了这些蘑菇，晚上就能喝到鲜美的蘑菇汤啦！”农夫一脸憧憬地笑着。

“我有漂亮的妻子和可爱的孩子，你看我的背上有这么多金银财宝，可是，我就是不快乐，这是为什么呢？”

农夫一看商人憨厚地笑了：“你把背负的东西放下试试看，或许你就会快乐啦！”

听了农夫的话，商人如梦初醒：

因为背上的金银珠宝，自己一直提心吊胆：晚上住店时怕被偷走；白天走在大路上又担心被人抢去，一路走来，这些珠宝让人身心疲惫，哪里还有什么心情去欣赏漫山遍野的美景呢？

你看，很多时候，我们就像故事中的商人一样，如果总是有着一颗患得患失、忧心忡忡的心，怎么可能快乐呢？

越简单的人生越快乐，这不是心灵鸡汤而是快乐真谛。真要遇到不如意，睿智的30岁女人不妨这样想：管它天塌地陷，爱谁谁！

别让教养毁了你如花的模样

好的教养，是为他人着想，更是为自己加码，提升自己的品位与能力。有教养的人，一定具备：根植于内心的修养；无需提醒的自觉；以约束为前提的自由；为别人着想的善良。

上次在机场排队遇到暖心一幕。

一位年轻姑娘要去杭州出差，看她跑得满头大汗的样子应该是有点赶时间。但是，排队的人很多，姑娘没办法，只好到最前面一位带着孩子的中年女子身边，有点为难地请求说："不好意思，我快来不及登机了，可不可以插个队？"

本以为，姑娘的请求一定会被拒绝，但没想到，中年女子这样回答："如果我让你插队，对后面的人是不公平的。我们反正也不赶时间，进了登机口也是等着，你就站在我这里吧！"

说完，她拉着孩子稚嫩的小手很自然地走到队伍最后面，重新开始排队。那一刻，她的做法让我们肃然起敬。这位女子不仅为女孩提供了方便，又不因自己单方面答应别人而给后面的人造成不便，能够设身处地为别人着想，这样的人一定很有教养。

一位空姐讲过一件关于女星刘诗诗的事情。

因为空姐这个职务，她们见到明星的概率远高于我们。一次，这位空姐在头等舱遇见了刘诗诗。

飞机落地后，空姐整理位置时发现，刘诗诗的座位上，被子叠得整整齐齐。

她一下子就被圈粉了："头等舱的客人，大多都是将被子团成一团扔在脚底下，整理好的被子一个航班都很难碰到一次。"

在我看来，这就是教养。

上个月和闺蜜在国贸金地中心购物，一个六七岁的小孩因为不喜欢手中冰激凌的口味，便气呼呼地把冰激凌扔在了刚打扫过的地面上。

清洁工阿姨看到了，二话不说就赶过去打扫。但就在即将清扫完毕的时候，小孩飞起一脚，将还没来得及打扫的冰激凌踢了出去。这一下，地上的冰激凌污渍更多了，清洁工阿姨摇摇头，随口说了句："这孩子怎么这样呢？"

阿姨一边说，一边手脚麻利地将地上的冰激凌重新打扫一遍，但小孩的妈妈听到自己的小孩被“教训”，对着清洁工阿姨脏话连篇，破口大骂，叫嚣着要找清洁工阿姨的领导。

围观的人一下多了起来，虽然很多人都在劝她，但这位妈妈仍然不依不饶地骂个不停。她那涂着鲜艳口红的双唇上下翻飞，声音尖锐，因为情绪激动，使得原本长相清秀的她变得面目狰狞、丑陋不堪。

就在这时，一直低头工作的清洁工阿姨，突然“扑通”一声给她跪下了，还不断磕头。即便这样，那位妈妈还是不打算就此罢休，怒气冲天就差没有踢阿姨几脚。这一下，围观的人纷纷指责那位妈妈太过小题大做。

也许这份工作于她而言，重要到远远高于下跪的耻辱。她可能做梦也想不到，一句随口话竟会给自己惹来这么大的麻烦。要是事情闹大，自己怎么也脱不了干系，领导很有可能因此责怪自己，甚至会因此丢了工作。

看到那位妈妈高高在上、疯狂叫嚣的样子，很难说她是一个有教养的女人。

衡量一个人有没有教养，关键之一就是：她是否懂得别人的不易，是否愿意尊重别人的卑微。

认识一家图书公司的老板吴总，30多岁的她事业做得风生水起，在近十个大城市有自己的分公司。一次，我们约在大望路一家她自己投资的咖啡厅里谈新书选题事宜。

多年的创业经历，在吴总的气质中留下了干练和雷厉风行的特征，但是这种气质不是盛气凌人，而是一种威而不怒的庄重亲和感。

在整个谈话过程中，我发现，吴总威而不怒的气质，其实蕴含了很深的教养。

身为图书公司、也是这间咖啡厅的老板，吴总会对每一个为我们服务的服务员，很礼貌地说“谢谢”“麻烦您了”；

谈选题的时候，她不是一意孤行，而是很认真听取我的意见，即使有自己的想法，她都会在最后加上一句“你觉得怎么样？”“这样是不是更好一些？”。

印象最深刻的一个细节，是在我们结束时，吴总让服务生把盘子收走。在端起碟子和刀叉递给服务员的时候，我很清楚地看到，吴总已经很随意地把刀叉锋刃的一端，特意调向了自己。

我觉得这些无声的细节，就是教养。

前段日子，一条微博上了热搜：4 名农民工打了一辆出租车，却光着膀子上了车。之所以光着膀子是因为他们怕弄脏了座椅，所以他们特意将衣服翻过来细心地铺在出租车的座椅上，之后才上车。

看过余秋雨老师说过一个故事，一个人有没有教养，要看他离开的时候。

无论做什么事，都要想到下一个人；

进出大门时，要想到紧跟在你身后通过的人；

上厕所时，要想到下一个上厕所的人；

扔垃圾时，要想到下一个收垃圾的人；

……

真正有教养的女人，时刻心怀一份“为他人着想的善良”。请相信，你的教养，别人一眼就能看到。

30岁，像对待恋人一样对待身体和生命

人生最大的事，就是爱惜自己，好好活着，活出个自己喜欢的样子来。因为只有好好活着，才会遇见爱情，不管现在是凄风苦雨，还是孤苦伶仃。只有自己健康，才有资本峰回路转，笑傲江湖。

“哎呀，终于轻松啦！脱掉高跟鞋的感觉真好！”雅晴一脸轻松、四仰八叉地躺在沙发上，怀里抱着大抱枕，脸上敷着一层厚厚的海藻泥面膜。

“你现在的样子可一点都不像个淑女！”我笑着打趣她。

“要什么淑女，自己舒服比什么都重要。”雅晴因为脸上有面膜的缘故，只好瓮声瓮气地回答我。

“想通了就好！我都替你觉得累。”我打开遥控器，无聊地换着电视频道。

雅晴 33 岁，她的感情似乎总是不顺，分分合合好几次。前几

个月，雅晴又交了一个高大帅气、非常讲究的男朋友。

她的男友穿衣品位不俗，待人也彬彬有礼。一开始，我们都直呼雅晴的运气简直太好了，居然找到一个电视剧中才有的长腿欧巴。但时间一久，就觉得雅晴的男友不是真的有品，简直是挑剔得让人难以接受。

每次和雅晴约会，他都要求雅晴必须打扮精致，并且一定要穿上不得低于8厘米的高跟鞋，因为在他眼中，女人优雅的气质和曼妙玲珑的身材与高跟鞋更配!

熟悉雅晴的人都知道，身高一米七四的雅晴一点也不喜欢穿高跟鞋。但为了迎合对方的喜好，雅晴只好一口气买了好几双高跟鞋。

那天，雅晴和男友约好下班一起吃晚餐。正走到半路上，天公不作美，偏偏下起雨来。两人在雨中走了快半个小时，都没有一家餐厅让男友满意。他不是嫌这家餐厅店面太小，不干净，就是嫌那家餐厅的装修弱爆了，不够大气……

雅晴出门时特意换了一双细高跟，每次遇到水洼，她都小心翼翼地通过；有车辆经过身边，她远远地就站着。看着阴沉沉的天，雨没有停的意思，她鼓起勇气说：

“要不随便找一家餐厅吧！我实在走不了了！”

“吃饭怎么能随便呢？要是吃了不干净的东西拉肚子怎么办？这才走了多久，你就走不了了，真是小姐身子丫鬟命！”男友冷冷地说，“瞧你那扭扭捏捏的样。”

雅晴不说话了，默默地跟在男友后面。虽然，脚被高跟鞋磨得既疼又痛，每走一步都像行走在刀尖上一般。

也许是他的话刺激到了雅晴，一不小心，她“哎呀”一声扭伤了脚，疼得蹲在了地上。男友不仅没有将她扶起来，还一个劲地数落：

“真是被你气死了，吃个饭还这么多事！”

雅晴咬咬牙，看看四周，刚好路边有一家小商店。揉揉发痛的脚，雅晴走过去买了一双家居拖鞋，毫不犹豫地穿上，也不管这双只值十元钱的拖鞋和自己身上上千元的裙子是不是搭调。

但就是这双拖鞋，让她轻松地回到了自己家。只留给男友一个毅然决然离去的背影。回到家，雅晴毫不吝啬地将那几双在她看来华而不实的高跟鞋打入“冷宫”。

雅晴说：“以前也觉得他挑剔得有点过分，但我却一直不舍得提分手。不过，这一次疼痛让我明白，我没有理由委屈自己的身体去讨好一个不值得我爱的人。”

得知她分手的消息后，我们不仅没有感到可惜，还纷纷替她松了一口气。很多时候，身体比心更知道答案。

单位两年一次的体检时间到了，体检那天，我们饿着肚子憋着尿，听话地躺在那里，任眼前的“白衣天使”们拿着各种仪器在身上扫来扫去。

等待结果的时间备受煎熬，我们都希望医生看到结果后可以轻松地说一句：没事，你走吧！

然后，赶紧忙不迭地道谢，溜之大吉。

可是，我们单位另一个部门的欧阳，却很不幸地被医生留了下来。欧阳是一年前来我们单位的，聊天时得知她自从生完孩子后就一直没有做过任何身体检查。

欧阳在我们单位是出名的“拼命三娘”，她永远是来得最早，走得最晚的那一个，当然，她的业绩也遥遥领先。

医生看过她的检查结果后，又安排人重新给欧阳做了一遍检查，然后一脸严肃地告诉她：

“从目前的检查结果看，你必须尽快手术，因为你的子宫肌瘤已经很大，不切除恐怕有点麻烦。”

得知这种情况，欧阳的情绪有点激动，我们留下来陪伴的几个同事赶忙安慰，虽然这种安慰好像都是多余的。想想也是，这种情况任谁也不能开心。好不容易平静下来，欧阳准备接受手术。被推进手术室的那一刹那，她对我们几个说：

“等我出院，可得好好活着，再不那么拼了。什么都不如身体要紧啊！”

手术之后，大家都为她松了一口气，但事情就是这么富有戏剧性。医生拿着切片结果一脸凝重地告诉欧阳的先生：

“病人的情况不太乐观，具体结果还要等进一步检查才能确定。如果结果是恶性的，就有必要摘除相关部位。”

凭着女人的第六感，欧阳知道自己的身体一定有麻烦。再三追问之下，先生不得以说出了实情。

那一刻，欧阳嚎啕大哭。

欧阳经常挂在嘴边的一句话就是：早起一点，晚睡一点；将就吃点，自己拼点；多赚一点，孩子好点……

可是，30 多岁的她从没有问过身体愿意不愿意？

人的一生，可以做很多蠢事，但最不应该做的一件事就是不爱惜身体，不珍惜自己的生命。所有的事和健康比起来，都是小事；再大的伤害、不幸和生死比起来，那都不是事儿。

一些失恋的女人总喜欢说这样一句话：“没有你，我活着还有什么意思呢？不如死了算了。”有些人只是说说而已，但有的人却真的选择用割腕、吃药等自杀的方式来结束自己的生命。

这样做真的值得吗？

很早以前，看过这样一个故事：

山脚下的一个村庄里，住着一位饱经沧桑的老人。老人的老伴去世了，两个儿女也相继死去。现在，只剩下老人独自生活着。

老人的生活很不易，各种疾病折磨着他，依靠乡亲们的接济，他才勉强活下来。老人很要强，只要身体稍有好转，他就十分努力地干活。

一天，老人拖着疲惫的身体上山砍柴。从日出到日落，整整一天，他才砍好一担不算多的柴。

天黑了，老人挑着柴实在走不动了。他放下柴，坐在石头上休息。看着不远处的万家灯火，想到自己孑然一身，老人悲哀地想：生活为什么对我如此不公平呢？那一刻，他想到了死，开始呼唤死神。

“你为什么呼唤我？要知道，还从来没有人主动找过我呢！”死神很不解地看着老人。

当死神真的站在面前时，当死亡临近时，老人家才突然意识到了生命的可贵，有了对生的向往。于是，他随便编了个理由，让死神走了。

其实，没有谁的生活是容易的。对于我们30岁的女人而言，不管生活中遇到什么困境或不如意，只要鼓足勇气，勇敢面对，就一定能够战胜它们。但，任何时候都不要选择死亡，因为，生命只有一次。

那些为情所困伤害自己的姑娘，想一想你在恋爱中为对方全心全意付出时候的模样吧！希望你爱惜自己也能像对待恋人一样。

睿智的女人，请随时记得分寸感

分寸感，就是在循序渐进中走进对方的世界，在试探中，细水长流。尊重彼此的空间，又在彼此交叠的空间里深爱，天长地久。愿今后，聪明的我们，都懂分寸，但不逾矩，为人热情，但不过分。

在芬兰，有个现象很有意思。

在公交车站，很容易就能分辨出哪些是本地人，哪些是外地人。因为外地的游客更喜欢三三两两地站在一起，边等车边聊天。但是，当地人排队的时候，会自觉地与前一个人保持近 2 米的距离，人与人之间的间隔很远。

说来也怪，这 2 米的距离就像经过丈量一样。在乘坐公共交通工具的时候，如果还有其他的空位，就不要坐到别人的旁边。

在世界各国公园里，供游客乘坐的椅子一般都是长条形，但芬兰这个国家却是个例外。芬兰马路边、公园里的椅子都是单人椅，而且每张椅子都是按照 90° 旋转摆放，这样摆放的目的是，保证坐在椅子里的人相互看不到对方。

在很多旅游论坛上，只要一提到各国民俗风情，芬兰人民都会很善意地提醒：在芬兰，绝对不要随意和陌生人搭话。

在芬兰，不管是在餐厅还是演出场所，大家都十分在意私人空间。也许，你会觉得这些做法太过不近人情，但在我看来，这却是芬兰人分寸感的最佳体现。

什么是分寸感呢?

周国平先生说："分寸感是成熟的标志之一。"真正的分寸感并不是拒人于千里，也不是高高在上地俯视众人，而是指要站在更高的角度，清醒地认识自己的位置，体谅别人的难处，然后做出适当的举动。

单位空降来一个叫莉莉的姑娘。

莉莉很健谈，和谁都能说上几句话，一开始，我们都愿意和热情的她接触。但过了不久，我们就对她避而远之了。

之所以对她避而远之，是因为，莉莉不管在谁面前，都不拿自己当外人。

一次，同事燕清的老公去韩国出差，回来给燕清带了几盒挺出名的面膜，乐于分享的燕清毫不吝啬地把几盒面膜带到办公室给我们几个同事试试效果。

“呀！这可是大品牌，国内还真不好买。”

“你老公可真疼你，想得太周到了。我老公才不管我这些呢！”

……

办公室闹腾起来。

说实话，面膜效果的确不错。不过，这件事按理就到此结束了，可就在一个星期后，莉莉一上班就缠着问燕清：

“你老公什么时候再去韩国啊？也帮我带一盒呗！真是太好用啦！同事一场，一盒面膜也没多少钱，给你钱你也不会要对不对？”

一听这话，不仅燕清愣住了，我们大家都愣住了。

当时，真想怼她一句：一盒面膜没多少钱，你倒是学学人家燕清，给我们大家都来一盒呗！

同事的护手霜放在办公桌上，莉莉拿起来就用；同事放在茶水间的咖啡，她会招呼都不打就自己冲上一杯；就连同事的口红，她都会毫不避讳地拿起来就往自己嘴上抹……

仔细算起来，莉莉到我们单位前前后后也不过一个月之久。和同事之间相处这么随便，是不是不太好？这可不是半点分寸感都没有吗？

一个女人可以不聪明，但分寸感真的很有必要。每个人都要明白自己的位置，应该是你的，才是你的。不该是你的，连想都不要想。

在朋友小孩的满月宴上，我认识了一个大姐。大姐很热情，简单聊了几句之后她便要了我的电话，加了微信。

和大姐在一起，你完全不用担心会冷场，因为她一个接一个地抛出问题，你只消回答完，就可以打发所有的时间。

一开始，她问我：你做什么工作呢？平时有什么爱好呢？小孩谁带呢？……这些问题是寒暄的标配，无可厚非。但慢慢地，我越来越不想回答她的问题，比如：你老公一个月挣多少钱啊？你们两口子感情怎么样啊？你父母又是做什么的呢？你家有贷款吗？……

当她问这些问题的时候，我只能模糊回答，有些干脆勉强笑笑完事。

对于她的这些问题，即使我多年的闺蜜都不会这么直接地问我，更何况我们刚刚认识。

回到家，我把这件事告诉了先生，我问他："是不是我太敏感了？"

"不是你敏感，是那位大姐太没分寸。"先生回答说，"不窥探别人的隐私是起码的教养，她连这一点都不懂。聪明的人，都懂得什么是分寸感。这样的人不理就对啦！”

别说，生活中这样的例子还真不少。

前段时间，一个十多年都没见的老同学加了我微信。在学校的时候，我们也只是关系很一般的朋友，这么多年不见，对她的一切都一无所知。

虽然不知，但我也没有问。讲真，我也丝毫不好奇。

可是这位老同学好像总是很闲，隔三差五地给我发消息：帮忙给宝贝的作品投个票呗！帮忙给我的第一条朋友圈点赞啊！帮忙砍砍价呗！关注一下这个公众号啊！……最后她一点也不客气地对我说：你不是写了很多童书吗？每样送给我一套呗！

每天看到她的信息，我都有点烦。有空的时候，我简单回复两句，更多的时候选择置之不理。在我写稿的时候，我喜欢把手机调成静音模式，以免分心 。一次，我写完稿再看手机时，她竟然给我发了 17 条信息。

最初是礼貌的问候，到后来简直就是质问：老同学，你怎么对我爱理不理的啊？

实在难以忍受，我干脆把她删除了。即便这样，她通过手机通讯录重新加我，还发信息问我是不是操作失误才将她删除了？

真不知怎么回复她！

说到这里，我不禁联想起最近一位女士在微信群晒女儿的录取通知书被踢出群，引起了一场轩然大波的事儿。

这位女士是一名老师，她女儿的学习成绩很不错。今年参加高考，在成绩出来之前，她参加了一场同学聚会。

聚会上，她极力夸赞自己的女儿有多聪明。大家知道她女儿的情况后，都免不了一番恭维。

聚会结束时，为了增进大家的感情，加深联系，班长就组织建立了一个班级群。班级群是建立了，但都是成年人，各有各的事儿，除非有重要的事情，大家很少在群里说话。

可这位女士在同学群里一直很活跃，她不仅发一些自己的生活照片，更多的是发女儿认真学习的照片。尤其是女儿在收到清华大学录取通知书后，她第一时间把录取通知书晒到了自己的班级群，并且还非常骄傲地发了一段话："清华大学的录取通知书就是大气。"

原本以为会引来一片赞扬声，可不曾想，同学们没有一个回答她的。再后来，她惊讶地发现，自己竟然被班长踢出了班级群。

平时，大家都对她的行为一忍再忍，但这一次，大家忍无可忍。晒录取通知书，只是她被踢出群的导火索。

尤其是班长，他的儿子今年也参加高考，但是却没有考上好的大学，本来心情就很低落，看到她每天发这些东西，难免受刺激。

身为老师的她竟然也不懂分寸感，真是不应该。可见，分寸感无关学历，只关教养。没有分寸感的友情，不会长久存在；没有分寸感的社交，更是难以维持和经营。

三毛有句话说："朋友再亲密，分寸不可差失，自以为熟，结果反生隔离。"有人说，一份高质量的社交离不开恰当分寸的拿捏和考虑，这是一种体谅，也是一种修养。

深以为然。

第四章 努力，为了遇见更美的自己

梦想无论大小，迈出去就好

作家林清玄说："如果一个人没有梦想，这个人过了30岁，生命就开始可悲了。"因为生命过了30岁开始走下坡，一步一步走向死亡的道路。"保持梦想"就是一直到告别人世前的那一刹那都保持着向前的姿势。

最近，我一直在读作家林清玄的作品。在他的作品集中，我很喜欢一篇叫《保持梦想的心》的文章。因为实在很喜欢，便把它读给女儿听：

提到梦想，我就想到小时候的一件事。我小时候很喜欢看地图，由于家里很穷，不可能离开家乡，只好看地图过瘾。我常想，如果可以到台北、高雄去玩，不知道有多好！可是一直没有这样的机会，就看地图过瘾。

我小学六年级的时候，考试得了第一名，老师送我一本世界地图，我好高兴，跑回家就开始看这本地图。很不幸，那天轮到我为家人烧洗澡水。我一边烧水，一边在灶边看地图。

看到一张埃及地图，想到埃及很好，埃及有金字塔，有埃及艳后，有尼罗河，有法老王，还有很多神秘的东西，心想长大以后如果有机会我一定要去埃及。

看得入神的时候，突然有一个大人从浴室冲出来，胖胖的围一条浴巾，用很大的声音跟我说："你在干什么？"

我抬头一看，原来是爸爸，我说："我在看地图！"爸爸很生气，说："火都熄了，看什么地图！"

我说："我在看埃及的地图。"

我父亲就跑过来"啪、啪"给我两个耳光，然后说："赶快生火！看什么埃及地图！"打完后，还踢了我屁股一脚，把我踢到火炉旁边去，很严肃地跟我讲："我给你保证，你这辈子不可能到那么遥远的地方去！赶快去生火！"

我当时看着爸爸，呆住了，心想："爸爸怎么给我这么奇怪的保证，真的吗？这一生真的不可能去埃及吗？"

20年后，我第一次出国就是去埃及。我的朋友都问我："到埃及去干什么？"那时候还没有开放观光，出国很艰难的。我说："因为我的生命不要被保证。"于是就跑到埃及旅行。

有一天，我坐在金字塔前面的台阶上，买了张明信片写信给我爸爸。我写道："亲爱的爸爸：我现在在埃及的金字塔前面给你写信。记得小时候，你打了我两个耳光，踢我一脚，保证我不可能到这么远的地方来，现在我就坐在这里给你写信。"写的时候感触非常深。

我爸爸收到明信片时跟我妈妈说："哦！这是哪一次打的，怎么那么有效？一巴掌打到埃及去。"

梦想在生命中是非常重要的东西。为什么非常重要？因为只有梦想可以使我们温暖，只有梦想可以给我们以希望，只有梦想可以使我们保持充沛的想象力与创造力。（节选自林清玄：《凡事不如看淡》，九州出版社，2017年6月）

"不是巴掌有效，是写文章的爷爷始终记得自己的梦想。"女儿点点头，很认真地对我说。

"那你的梦想是什么呢？"我问她。

"妈妈，你猜！"小家伙鬼头鬼脑地回答。

不管我回答医生、科学家、画家、书法家还是舞蹈家，她的头始终摇得像拨浪鼓一般，我不再胡乱猜测，等她慢慢告诉我。

一说到梦想，我不禁想起自己。

每次看《中国好声音》，在选手演唱完一首歌后，导师们转过身来，都会很认真地问每一位参赛选手："请告诉我，你的梦想是什么？”

看到这个环节，我都会问自己，我的梦想是什么？这让我不禁想起小时候外婆问我：“你长大后要干什么？”

“我要当作家。”小小的我毫不犹疑地回答。

“作家是干什么的呀！”外婆没上过学，很好奇地问。

“作家就是把自己写的字寄出去，就会有人把钱寄给我啦！”我当时很兴奋。

没想到，外婆的神情很凝重，她赶紧摸摸我的额头，看看我是不是发烧把脑子烧坏了？

好一会儿，外婆才笑着说：“没发烧就好。不过，这世界上哪有这么好的事情？真是傻孩子。”

没想到，转眼距当初发誓的时间已经相隔 20 多年。这 20 多年，改变太多，以至于外婆已经作古。自己呢？梦想依然还是梦想。

一开始，我也激情澎湃，朝当初的梦想不停努力，但在一次又一次的退稿中，我偃旗息鼓，雄心不再。

客观地说，我也很努力，但不够努力。原本计划每天至少写 2000 字，但坚持一段时间之后，写作的冲动就在琐碎的家务和孩子的哭闹中消失不见。

为此，我找出各种理由来阻拦自己的梦想，我甚至把那些退稿信放在书房最显眼的位置，提醒自己：梦想有什么用？它既换不来柴米油盐，也换不来我急需的 LV 的包。既然如此，还是赚钱要紧啊！

很多年里，我都满足于岁月静好，现世安稳。

有时候，能直击人心的不是多么感天动地的事迹，也不是多么振聋发聩的大道理。能让我们做出改变的可能仅仅只是一个故事。

在给女儿读绘本的时候，我偶然被故事中的一只毛毛虫所感动，那一刻，我觉得自己连一条虫子都不如。

一条小毛虫朝着太阳升起的方向艰难爬行。它在路上遇到了一只蝗虫。蝗虫问它："你要到哪里去？"

"我昨晚做了一个梦，梦见我在大山顶上看到了整个山谷。我决定将它变成现实。"小毛虫很兴奋地回答。

"你烧糊涂了，还是脑子进水了？你怎么可能到达那个地方？别忘记，你只是一条小毛虫耶！对你来说，一块石头就是高山，一个水坑就是大海，一根树干就是无法逾越的障碍。"蝗虫提醒它。

小毛虫没有理会蝗虫的话。只是不停地挪动着小小的躯体。虽然后来不断有蜘蛛、鼹鼠、青蛙和花朵都以同样的理由劝小毛虫放弃这个打算，但小毛虫始终坚持着向前爬行……

终于，小毛虫筋疲力尽地“死”了——它变成了蛹。山谷里，所有的动物都跑来瞻仰小毛虫的遗体。那个蛹因此变成了梦想者的纪念碑。

一天，动物们再次聚集在这里。突然，大家惊奇地看到，小毛虫贝壳状的蛹开始绽裂，一只美丽的蝴蝶随着轻风吹拂，飞到了大山顶上。重生的小毛虫终于实现了自己的梦想。

仅仅只是一个小故事，但我联想颇多。

今后，我可能会鼓励孩子要坚持自己的梦想，可如果自己的梦想都不曾坚持，那么我有什么理由要求她呢？

作家艾小羊在《爱不爱自己，只看这一点》里有这样一段话：当你决定自己要成为一个什么样的人，无论多么困难，都要去实践。即使最终的结果，偏离你的目标，但比起什么都不做而言，你还是实现了对自己的承诺。

是啊！无所谓自己的作品是不是被采纳，无所谓自己的坚持是不是为人所鼓掌，坚持就好！至少对得起自己当初的诺言啊！

我很庆幸，在后来的日子里我能做到每天至少坚持写几千字，不管这些字是多么微乎其微不值一提。

“妈妈，告诉你哦，我的梦想是当一名蛋糕师。等长大了，我也要像好利来（蛋糕品牌）的叔叔阿姨那么厉害，做出美味可口又漂亮的蛋糕。”就在我沉思的时候，女儿凑过来在我耳边说。

呀！这梦想听起来是不怎么高大上，不过，没关系。梦想无关大小，只要有心就好！

“好呀！那我们以后过生日就不用买别人的蛋糕啦！最好，你的蛋糕店遍布世界的每一个角落。那才够酷！”

我如是回答！

人生这么短，哪有空嫌晚

一个人的努力归根到底是为了自己，为了自己在这个飘忽不定的汪洋大海里，随时都有选择回旋的余地。只要努力，什么时候开始都不算晚。

不知大家有没有发现，在我们周围，一部分人虽然只有二三十岁，但愣是把自己活成了五六十岁的样子。

一天，在等待孩子放学的间隙，无意间听到两个女人这样一段对话：

“哎！每天除了送孩子上学就是接孩子放学，无聊死了。”

“你真是身在福中不知福，老公对你那么好，多幸福啊！你看我们接个孩子跟赶场子似的，要是我也能像你一样就好了。”

“好什么好，送完孩子，收拾收拾屋子，一睡就是一整天。刷刷微博，看看抖音，聊聊微信……”

"那为什么不找个事情做做呢？也好过你在家闲得无聊啊！"

"我都好多年没有上班了，30好几的人了，再重回职场，怕是太晚了吧！"

……

明明才30多岁，说太晚会不会有点太早？

我觉得，这个只负责做家务，只负责接送孩子的女人，之所以会觉得现在的生活太过无聊、不够美好，是因为她没有用足够的努力，去创造美好的生活。

我楼上邻居王阿姨的女儿32岁，上了四年大学，回家开了个网店。但她对网店并不上心，所以生意并不怎么好。因为没有固定收入，她就开始惦记王阿姨的退休金。王阿姨是电力局退休职工，每个月的退休金都被她挥霍一空。

每次王阿姨催她出去找工作，她都振振有词地回答说："我即便不努力，每天也可以过得很潇洒，又何必为难自己，非要累死累活才能挣一点小钱呢？你看那些富人，辛辛苦苦挣那么多钱，可是到最后，说不定跟我过的生活也差不多。"

"小钱你也得有本事挣才行啊？"

"你没看那些朝九晚五的上班族多辛苦啊？每天踩点打卡，在路上被挤得像沙丁鱼似的，上班还会被老板压榨……"

总之，只要一提到上班的话题，姑娘有足够多的理由数落上班的坏处。

每次，王阿姨到我们家聊天，都会痛心疾首地说："这孩子，可怎么得了？不结婚也就算了，总得先养活自己吧？"

王阿姨女儿的话，不禁让我想到这样一个故事：

一个富人去海边度假，在金色的沙滩上碰巧遇见了一个渔翁。富人问渔翁："你为什么不去努力工作呢？"

"可我为什么要努力工作呢？"渔翁很不解地看着这个富人问，"再说，努力工作会得到什么好处？"

富人说："如果你辛勤劳作，就会得到数不尽的财富。有了财富，你就可以像我一样，躺在沙滩上晒太阳。"

"不工作我不也躺在沙滩上晒太阳吗？既然如此，为什么还要去工作呢？"渔翁得意地反问。

富人看了一眼碧波万顷的大海，自豪地告诉渔翁："我努力工作挣钱，是为了有更多的选择。只要有钱，我可以随便在沙滩上晒太阳，也可以去南极看雪，去巴黎喂鸽子，去埃菲尔铁塔看夕阳，去迪拜的五星级酒店享受。当然我绝不会就只有一个选择——只是无可奈何、衣衫褴褛地在沙滩上晒一辈子太阳。"

说完，富人转身离开了。

是啊！富人的话何其有道理。努力奋斗的意义，真的不在于挣了多少钱，得到多少荣华富贵、利禄功名，而是在面对生活选择时，我们不必拘泥于方寸之地、过着毫无新意、一眼望到头的日子。

记得曾风靡一时的《离婚律师》里有这样一段台词：我认真做人，努力工作，为的就是有一天当站在我爱的人身边，不管他富甲一方，还是一无所有，我都可以张开手坦然拥抱他。他富有，我不觉得自己高攀，他贫穷，我也不至于落魄。

你看，努力不努力，过的真是不一样的人生。

台湾文案天后、女作家李欣频，是中兴百货、远东百货、诚品书店、诚品商场、台北市政府都市发展局、新闻处、统一集团等多家企业的御用文案策划。

翻阅资料得知，她曾是联合报、自由时报、明日报、广告杂志、香港 ZIP 皇冠杂志、TVBS 周刊、ELLE 杂志、北京费加洛杂志等专栏作家。我一直很奇怪，70 年出生的她，为什么总是有源源不断的创意，能为那么多公司写出爆款文案?

其实，才华的背后是日复一日的勤奋。

不管生活怎么样，她始终坚持每天读一本书，不断吸收新知识，永不满足。别看她现在已经 40 多岁，但她依然美丽，优雅，充满智慧。不过，这些努力还远远不够，现在的她依然活力满满，出书，满世界旅游，在各地奔波演讲、做分享……

你看，努力无关岁月，什么时候都不算晚。

其实，这世界上最没用的事情就是：认为自己没用。有问题就解决问题，没能力就拼命学习，总是打击自己毫无意义。

好友陈红在我看来简直就是励志典范。

每次看她练瑜伽，都让人为之一振。她的每一个瑜伽动作都像极了她的生命，朝气蓬勃，震撼人心。说起她学瑜伽的过程，真是充满艰辛和挑战。

陈红25岁才第一次接触瑜伽。

25岁，真的不是学瑜伽的最好年龄。因为，身体各方面早已定型，身体的柔软度和灵活度不比十几岁的小姑娘。对于毫无舞蹈功底的她来说，学习瑜伽谈何容易？但这个倔强的姑娘不管不顾，把瑜伽当做一种挑战，迎难而上。

有人问她，有没有觉得在20多岁才开始学习瑜伽有点晚，陈红的回答是："人生那么短，哪有空嫌晚？有些事，一旦开始，就停不下来！"

为了不给自己退路，她咬咬牙，一口气交完两年的学费。

老师怕她受伤，多方面照顾她。但为了让自己更快地跟上别人的进度，她常常在练功房一练就是一整天，练到挥汗如雨，练到身体抽筋。曾有好几次，因为练功时间过长难度过大，她练功受伤，在床上一躺就是好几天……

“学习瑜伽的过程那么痛苦，你想过放弃吗？”我不禁打心里佩服眼前这个笑意盈盈、身材娇小的女人。

“哎呀，我还想着用它养活自己呢！放弃，从来也没想过啊！”

从一开始腿都压不下去的姑娘，在勤学苦练之下，她能轻松自如地做到在瑜伽垫上倒立并保持平衡；每次看她只用头承受身体的重量进行倒立，我们几个没出息的家伙只有瞠目结舌的份儿。

这一坚持就是十年。现在。35 岁的陈红忙得不得了，忙着参加各种比赛、忙着一对一授课、忙着出国演出、忙着烘焙、忙着旅行……

“我很满意现在的生活，我发现自己够美，生活也有奔头。”陈红如是说。这句话，底气十足，霸气侧漏。

我想，这才是一个 30 岁女人最好的状态！

真正优秀的女人从不假装努力

成年人的世界，不再是空喊口号的人生，有效的结果比什么都重要。任何一个愿意为了生活而真正努力的女人，时间绝不会辜负她。

昨天晚上，同住一个小区的梦梦妈被公司劝退了。她回到家第一件事不是看孩子，而是一把鼻涕一把泪地对着我们几个朋友控诉：

“自从给梦梦断完奶，我就回到公司上班。上班的六年里，几乎每天去得最早，走得最晚；只要领导让加班，自己从不推辞；没请过一次假。你说说，这单位怎么说变脸就变脸？真是变脸比翻书还快啊！”

“怎么会这样呢？你每天到单位都做些什么啊？”我问道。之所以会这么问，是因为我早就看出她迟早会被辞退的端倪。

只是这一天，居然来得这么晚。

倒不是因为我有先见之明，而是梦梦妈不止一次两次三次地在我们大家面前炫耀，自己上班的单位有多轻松。

只要往办公室一坐，好像她总有办法把时间挤出来看各种电视剧，每次不管有什么新剧上映，我们还只是从宣传片里知道一些大概，是各大视频网站会员的她早就优先看了好几集；当然，除了追剧，她有时候也换换口味，比如上网买东西、聊微信、刷微博……

看她的朋友圈，总是能看到北京早高峰期间拥挤的地铁公交，能看见北京灯火璀璨下的CBD。应该说，她的工作态度很好，好像把自己的时间总是用在了单位，但仔细一想，她究竟做了什么具体工作好像又说不出个所以然。

也是巧了。

就在梦梦妈离开不久，和朋友琳达聊天，她也向我吐槽了一件听上去很有趣的事情：

周末，她和同事因为一件要紧的工作，只好留在单位加班。事情有点棘手，她们一刻也不懈怠地加班到八点。虽然有点晚，但好在工作结束了。琳达和同事在单位附近的一家饭店吃完饭后，便各回各家。

回家洗漱完毕，躺到床上的时候，不偏不倚刚好十二点。这时，琳达看到同事发了一条朋友圈动态：照片是一张凌乱的办公桌，配文是：这个点还在加班，我也是醉了。我是该对自己说早安呢还是晚安呢?

“你说要不要这么假？我可是看着她回家的，这个点还装工作的样子，也不知想感动谁？”琳达不屑地说。

“感动不知情的人啊！再或者，自己很感动。”我笑着回答。

一段时间，网上有句话十分流行：别假装努力，结果不会陪你演戏。混日子唯一的结局就是，把日子混没了。

说来惭愧，很久以前我也曾是这样的人。

读高中的时候，我们学校半个月才放一个周末。每次回家，我都会带很多很多的书，因为在决定带哪些书回家的那一刻我仿佛已经看到自己有多用功：背文言文、做黄冈试卷、疯狂背英语句子和语法、做做函数方程再熟悉熟悉空间几何……

总之，我把回家的几天时间安排得满满的，可结果呢？一回家我就把那些书都忘记了，除了老师布置的作业，别的书我连翻也懒得翻。到了周日上学的时候，我只好把书怎么背回去的再怎么背回来。

事实上，我背回家的哪里是书，而是“安慰”。即便到了现在，这种自欺欺人的事情我也没少做。

就像在健身房，办卡之前，总是想象自己在里面挥汗如雨的场面，想着只要自己坚持就一定能重塑生孩子前的玲珑身材，肚子上的赘肉那都不是事儿，健身房里分分钟搞定它……

可事实却是：

如果没有教练在旁边一直盯着，我会发现自己跑步连20分钟都坚持不了；和姐妹们一起练瑜伽，我永远都做不完规定动作。因为我总是很容易就被朋友圈里不停更新的动态、朋友打的电话而分心。

只有教练在旁边盯着我训练，才能在短时间内高效地做完一系列的动作。但只要教练一走，跑步机的速度我会一再降低，蹬自行车的腿也会慢慢停下来。

偶尔看一眼肚子上的一圈赘肉，虽然也着急，但也明白，汗水都舍不得流一滴，动作都不能做得很到位，赘肉能掉，那才真是见鬼。没关系，健身卡可是两年期限，我会坚持的。于是，找个自认为还不错的角度拍个照片，表示自己来过了，是不是觉得我很勤奋呢?

我想，你身边应该也不乏我这样的人吧!

每年年初，都会有人在朋友圈里信誓旦旦，今年一定要瘦到两位数；

今年一定要完成某某考级；

今年一定要努力工作，争取升职；

今年一定要看一百本书！

……

完全相信，这时候的承诺一定是义正辞严，真心真意的。

当你看到她又禁不住零食的诱惑、忙着玩手机追剧不看书的时候，她会很有理地说，“哎呀，美食当前，错过就是辜负；吃完这次再减肥嘛！”“又是孩子又要上班，哪有时间看书啊”……

你看，就这样，我们一不小心就有了“吹牛”的嫌疑。有人说，世界上，最不求上进的人莫过于自欺欺人的人：

总是对现实不满可又没勇气改变，做着无效的劳动却自我安慰已经尽力；怀揣着奋斗梦想的心，却没有践行梦想的努力。等当初下决心、许诺的热情已过，关了手机仍然该干嘛干嘛去。

其实，真正的努力，从来不是比谁熬夜到更晚，比谁花的时间更多，比谁把自己虐得更惨，而是找到合适的方法，抛下杂念，为了目标全情投入。

认识一位妈妈，要是单从朋友圈了解她，她可能只是一个懂生活情趣的小女人，事业一类的词和她完全不沾边。因为她的朋友圈，没有“假装努力”的矫情，都是生活美好的样子。

可不是吗？她晒的要么是亲手制作的刚出炉的裱花蛋糕，要么是和朋友小聚的茶馆咖啡厅。最近的一次，他们一家去了英国。

异国他乡，这位妈妈全程用英语和老外侃侃而谈；磅礴大气的白金汉宫留下了一家人甜美的笑容……

怎么样，这样的日子是不是很惬意?

但是，熟悉她的人都知道，这位妈妈现在是一家服装公司的设计总监，因为她出色的表现，公司送给她一部分股份。一是奖励，二也是出于留才的考虑。

没有谁的幸运不用努力做支撑。这位妈妈光鲜的背后是无数次的努力工作、咬牙坚持。

她的努力不做作，不矫情，只重效率。只要一到公司，简单泡一杯茶后便开始专注工作，手机也调成静音。办公室里的小道消息，八卦新闻她从来都不参与，她的工作效率奇高，完成得也最为出色。

到了下班时间，她不会装作努力的样子加班到很晚，除非有十万火急的事情。因为，下班的时间她要用来为自己充电。

原本，她所在的单位只是服务国内一些企业，但后来在她的建议下，公司决定拓展业务，开辟国外市场。

和我们大多数的 80 后一样，如果不是加强过英语学习，对英语的掌握恐怕也只局限在学校所学。为了拓展国外市场，能在和外国人交流的时候不会错意，她硬是用业余时间自学英语。那时，很多英语资料还得借助在线翻译，但她通过报英语班、看英文电影、听英语对话等手段努力提升，现在的她不仅能全程用英语和老外谈笑风生，甚至翻看英文网站也毫无压力，所以她总是能先人一步，掌握市场所需，为公司带来更多收入。

所以，公司才不惜用股份来留住像她这样的人才。

同样是 30 岁女人，优秀如她。好在我明白自己和牛人之间的差距，一切还来得及。

大多数不成功，都是因为想太多

对我们的生活真没必要太过纠结，更没必要后悔，因为人生这道题永远没有最优解。很多事情，不做，永远不会知道错；做了，也可能觉得自己错。所以，最好的状态莫过于，感谢你能来，不遗憾你离开。

前段时间，一直埋怨生活无聊透顶的方妍对我们说：“我想在东贸广场租个店面，开一家童装店怎么样？你们也知道，现在的小孩子可是高消费人群。只要衣服质量好，大人掏起腰包来眼都不带眨的。”

“这个想法倒是不错，你去东贸附近看了吗？那里最近好像正在招租呢！”有朋友说。

“是的。看广告说，东贸广场的南区和北区都有商铺，具体租在哪里我还在考虑中！”方妍好像很清楚。

“看广告还不如你自己实地看看去呢！顺便看看那里有没有童装店啊？竞争情况怎么样啊？人流量大不大啊？综合实际情况再好好考虑一下嘛！”朋友是生意人，说了一连串具体问题提醒她。

“对对对，你说的有理，我回去一定好好研究。”方妍忙不迭地点头称是。

一周之后，我们再次见到方妍，又问起她童装店的事情。

“嗨！还是算了吧！听说那里已经有好几家童装店啦！有品牌代理的，也有平价淘宝的，我再加入进去跟别人争个头破血流没必要啊！”方妍看似很了然地回答，“和他们打价格战我输了怎么办？要是销量不好怎么办？要是……”

“刚招租就有这么多卖童装的吗？看来那里的商铺招租情况还不错啊！”朋友打断方妍的“假想”，很快又问，“你说的那几家童装店在南区还是北区呢？”

“呀！这个我还真不知道。到现在我也还没去过呢！”方妍不好意思地笑笑，“我也只是听邻居这么说。”

哎！

我能说她是想法的巨人，行动的矮子吗？因为早在诞生开童装店的主意之前，方妍就对我们说过很多自己的创意：

想开一家亦俗亦雅的茶叶店，不管是讲究品位的客人还是大众人群，她都能兼顾；

想学学美容，这样就可以在小区租上一套房子就营业；

最省事的就是找个轻松一点的单位去上班，也好过成天宅在家看无聊的肥皂剧；

……

但不管想法多么美好，都在她各种“纠结”“假想”中夭折。

前两天，一位朋友埋怨，自己都30多岁了，还没存下什么钱，在北京国贸附近几千块钱租一间房，除去日常开支基本月光。有朋友拉她去合伙创业，她问我到底应不应该辞职去拼一把。

“试试吧？不试怎么知道行不行呢？”我回答。

“可万一创业失败呢？那岂不是我的工作也弄丢了。我赌不起啊！”她回答。

我真想说，既然知道自己赌不起，又何必多此一问呢？其实，我也经常陷入纠结之中，以至于常常因为想太多而给自己留下很多遗憾。

一开始，我也有做公众号的想法，但是我总是问自己：我能行吗？万一没有时间打理怎么办？自己写的不被认可怎么办？要是我的哪个观点被网友炮轰怎么办？还是等到以后再说吧……

一个月过去了，一年过去了，两年过去了，公众号计划在我的各种假想中“流产”。现在，看到各个公众号发展得如火如荼，我只有临渊羡鱼的份儿，更不敢开始了。

说心里话，我不是怕苦怕累，而是怕浪费时间、浪费精力。说到这，倒让我想起这样一个小故事。

有一只猴子，它最大的心愿就是变成一个真正的人。为此，它苦苦哀求上帝帮助自己达成所愿。

一天，上帝给了它一个做人的机会，但前提是要它砍掉自己的尾巴。猴子一听，这还不简单？它拿着刀，看了看身后的尾巴。这时，猴子想起这条尾巴跟随了自己很多年。虽然猴子变成人之后，这条尾巴就没有什么用处了，甚至还会变成自己的累赘，但猴子思前想后，怎么也下不去手。

“不行，万一砍掉尾巴，也变不成人怎么办？变不成人，又失了尾巴，这可太丢人了。”猴子犹豫不决，甚至于开始怀疑上帝。

最终，猴子放下举起来的刀，继续老老实实做了一只猴子。是啊！想要改变很容易，但真正去改变却难上加难。

我和故事中的猴子何其相像。

现在，让我纠结的事儿简直没完没了：到底要不要生二胎，要是生了二胎生活质量下降怎么办？上司最近看我的眼神怎么不对劲，是不是哪里做得不好？先生最近接电话怎么总是背着我，是不是有什么猫腻……

有这样一句话很对：人越是闲得慌就越爱想太多，你把闲想的时间用来读书、工作，提升自己，就会轻松很多。

美国著名的西点军校有这样一个传统：当遇到军官问话时，士兵只有以下四种回答，除此以外什么都不可以说。

第一：报告军官，是。

第二：报告军官，不是。

第三：报告军官，不知道。

第四：报告军官，没有借口。

作为美国顶级的军校，西点军校自建校 200 多年以来，已经培育出了 3 个总统，5 个五星上将，3700 多个将军等军事人才。

尤其值得一提的是，从西点军校走出去的绝不仅仅是军事人才，叱咤风云的商界大佬也举不胜举：可口可乐公司总裁罗伯特伍德鲁夫；宝洁 CEO 麦克唐纳德；美国东方航空总裁法兰克波曼……

生活中，我们常常花很多时间想些有的没的，却鲜有采取行动。

在我的好友中，紫悦简直就是我的偶像，堪称励志标杆，让我钦佩得五体投地。

紫悦没有上过一天大学，高中毕业就在北京一家名不见经传的小企业做行政。她这一干就是三年。慢慢地，她意识到自己学历不高，以后在工作上一定会吃亏，便决定学一门技术。有了一技之长将来也好傍身。

紫悦敏锐地觉得，学会计一定很有用。在不影响工作的前提下，她拿出一部分薪水报了会计班，买了会计资料，考了会计证。

有了会计证也没能让她满足，紫悦又通过了会计专业的中级、高级考试，更让人大跌眼镜的还在后面呢！紫悦居然学习了心理咨询师和营养师的相关课程。

“天啊！你哪来那么多时间学习？”

“你这可是大手笔啊？要是毕不了业可就惨啦！还是有所舍弃吧！”

……

总有人这么劝她。

“想那么多做什么？失败就失败，大不了再考嘛！”紫悦总是轻描淡写地说。话说得很简单，但紫悦却使出了洪荒之力。

下班后，紫悦放弃一切社交、娱乐，回到出租房就看书、记笔记、划重点、背难点，忍住了枯燥乏味，这一坚持就是五年。

如今，紫悦成了一家知名企业的财务总监，还帮着几家财务公司做咨询，她说，她还收到过几家跨国公司的 Offer。

不想太多，想到就做，是对想太多最好的回击。

时间从来不会亏待做事不找借口的人。衷心希望每一位 30 岁的女人别等到老的那一天，才发现自己对未来曾有过无数的想法，但这一切都只停留在想想而已的阶段。

幸运的前提，是敢于为自己争取

所谓幸运，就是你自己敢为自己争取，世界才愿意为你的努力和能力买单，无论是哪种回报，都是对你的认可和尊重。当你准备好时，机会恰巧抛来绣球，你正好有本事接得住。只有万事俱备，才能好风凭借力，送你上青云。

朋友圈里，有一个叫娜娜的大学同学。在学校时，娜娜长相甜美，成绩优异，待人也彬彬有礼。不管是芭蕾舞还是小提琴，娜娜都能信手拈来。在我当时的认知里，娜娜简直堪称完美。

现在的娜娜是一家银行的副行长，年纪轻轻就有这样的成绩着实令人羡慕。每次看她的朋友圈，不过就是单位又举办什么沙龙，或者随手拍的风景，要么就是生活里的一些小确幸……

在她的朋友圈，我们感受不到任何负能量，都是生活温暖如春，岁月静好。所以，我经常和一些老同学在她的朋友圈点赞留言。

上次在三里屯，我们举行了一次同学聚会。人数不多，只有关系还不错的四五个人。既然是同学聚会，当然免不了吐槽一下生活的不如意，或者打听谁谁谁的近况怎么样？

就在我们相谈甚欢的时候，娜娜发了一条动态。点开一看，一张她旅行的照片跃入眼帘，照片下配了一行字：生活不止有眼前的苟且，还有诗和远方。

“嗨！我们那些同学里恐怕就数娜娜的日子最好过啦！不过，30来岁就能做到副行长的位置，真的是纯粹靠自己吗？”有人说。

“话不能这么说，她很优秀啊！”我随口说道。

“嗨！你们还不知道吧？她啊，也就是运气好罢了。家庭条件那么优越，她的父母什么都为她提供最好的，所以娜娜才多才多艺，处处出尽风头。其实，娜娜自己哪有多聪明，长得也还凑合罢了，能力嘛也并不出众……”

听到这个不和谐的声音，真让我难以置信。因为，娜娜一直符合我对完美女孩的全部定义，被她这么一说，敢情娜娜只是沾了家庭的光，不过是个运气好的富二代罢了。

我向来鄙视这种人。

说这话的人怎么不想想，单位人才济济，怎么就她那么幸运成了副行长？别人拿奖拿到手软都不需要付出努力和艰辛？这张美其名曰叫“幸运”的通行证真的那么神通广大，无所不能，能从象牙塔一直过关斩将，降妖除魔到现在？

世界上，哪有什么幸运？所谓幸运不过是强者的自谦之词，你还真别太当真。因为每个幸运者的背后，都有与幸运无关的故事。

有句话说：“你只有足够努力，才能看起来毫不费力。”一个人之所以毫不费力，绝不会是因为运气。

曾经十分火爆的电视节目《我们相爱吧》中有一位叫刘雯的嘉宾。据说，刘雯的脸是国际时尚圈里最著名的“亚洲脸”。

她是第一个登上“维多利亚的秘密”内衣秀的亚洲模特；

她是新世纪以来排名最高的亚洲模特，2013 年权威网站 MDC 数据排名第三；

她是全球首位戴着 Apple Watch 登上时尚杂志封面的超模；

她是荣获 ELLE 风尚大典“ELLE 国际偶像超模”；

她是 2013 年福布斯超模收入排行榜前十位中唯一上榜的中国面孔，以 700 万美元与米兰达·可儿、凯特莫斯并列第三；

……

这么说起来，创造无数奇迹的刘雯真是星途耀眼，光环闪闪。前几天，和几个朋友一起谈论她的时候，一位友人很不屑地说：

“刘雯也就是运气好，不但歪打正着，而且有贵人相助。”

好奇怪，又是一副无视别人付出的论调。我很想问问她，毫无背景的刘雯怎么能从默默无闻做到世界知名，运气真的有通天的本领吗？

2005年的夏天，刘雯还只是一个毫不起眼的小导游。

一次，她决定报名模特比赛。这次比赛她的目的很单纯，就是拿到那台笔记本电脑。原本只是抱着玩一玩的心态，谁能想到，从未接受过正规培训的她居然破天荒地赢得了比赛。这样说来，刘雯无疑是幸运的。

之后，刘雯尝试从事模特工作，她怀揣梦想加入“北漂”一族。理想很丰满，现实很残酷。幸运之神好像也不再眷顾这个姑娘。一次次的面试失利和一场接一场的走秀让她精疲力竭。

当时的刘雯只有17岁，虽不知道模特梦想可以为自己带来什么，但她没有想太多，而是义无反顾地迈出了尝试的第一步。再苦再难，她也没有想过放弃。在坚持中，一次机遇“从天而降”。

一位法国时尚圈颇为知名的人物来中国指导拍摄大片。按惯例，入镜模特通常要提前试一下服装，但因为种种原因，原定模特无法参加试装，所以拍摄方要找一位和原定模特体型相近的人代替。

这个活吃力不讨好，既没有收入，也不会出现在杂志中。即便如此，当经纪公司打电话给刘雯时，她还是爽快地答应了。

“幸运”再一次垂青了这位努力的姑娘。试装后，那位法国人慧眼独具，决定让刘雯来担任另一组服装大片的模特。这次大片一出来，立即引起了整个时尚圈的轰动。因为她的面孔，简单纯净，像不染纤尘的美玉。

从此，刘雯的职业模特之路一发不可收拾，各大服装品牌争相邀请，她成了时尚圈炙手可热的宠儿。

这或许就是别人觉得她幸运的原因。但如果没有她在精疲力竭中的坚持，没有不计报酬的行动，恐怕再多的幸运也无济于事。

很多时候，我们羡慕那些幸运的人，却看不到他们为此做出的努力和改变。作为 30 岁的你必须明白：没有谁的幸运是偶然的。要让事情有所改变，就得先改变自己；要让事情变得更好，就得先让自己有敢于争取的决心和勇气。

独立，让你遇见更美的自己

没有哪个女人天生好命。独立的人生，才是一个智慧女人的首选。长得漂亮是优势，活得漂亮是本事，能独立，够努力的女人才最有底气、最能扬眉吐气。

影后刘嘉玲，一直以女强人的形象示人。但是今年女人节那天，我无意中看到她微博里有这样一段激励广大女性的话：

“我喜欢的女人，乐观、坚强、温柔、优雅。找一份自己喜爱的工作，喜欢的东西自己掏腰包买，不要以为找个有钱男人就可以满足，年轻漂亮的女孩无限量上架！女人要懂得学会独立，不断提升自我价值，让自己变得无可代替。女人节快乐！”

这段话的下面，网友纷纷点赞留言：

“自己的命运掌握在自己手中，不依附于任何人。”

“你真的很酷，你这么说也这么做。”

……

熟悉刘嘉玲的人都知道，她在 15 岁那年随父母赴香港，从饰演《射雕英雄传》的婢女开始，凭借自己的演技实力一步一步摘得“影后”的桂冠。

这段话的上面，有一张刘嘉玲的登山照片。照片中的她身穿运动装，一顶白色棒球帽，太阳镜遮面，看起来随性大方，青春洋溢，让人很容易就忘记她的年纪。

是啊！女人就应该独立。刘嘉玲能在纷乱繁杂的演艺圈走到今天的位置，离不开她的独立自强。

很遗憾，朋友子衿就没有意识到“独立”对于一个女人有多重要。

子衿是一名家庭主妇，当丈夫深情款款地对她说了“我负责赚钱养家，你负责貌美如花”之后，子衿心甘情愿辞了工作，在家打点孩子、公婆的一切。

子衿的婚后生活和火爆一时的电视剧《我的前半生》里面的罗子君有很大相似之处。子衿和罗子君一样，照顾好孩子做完家务，购购物、做做美容、聊聊微信、喝喝下午茶就是一天的日常，日子过得悠闲自在。

一开始，子衿觉得人生简直完美，有深爱自己的老公，有成绩优秀的女儿，还奢求什么？

“没想到，我竟然真的嫁了一个可以养得起也愿意养我的老公，人生如此，夫复何求啊？”每每聊天，子衿都不忘自我陶醉一番。

“子衿，你可别大意。女人还是要有一份自己的事业才好，不管你家境条件怎么样，必须有自己独立的工作和经济来源。哪怕你并不是那么缺钱。”看到她一脸满足，朋友忍不住好心提醒。

“工作不就是为了挣钱？既然不缺钱，为什么还要那么辛苦地挣钱呢？”子衿说得好像也很有道理。

朋友欲言又止。

子衿离开后，朋友摇摇头不无遗憾地说：

“即使嫁了个有钱的老公，也许他也愿意养你，但一份工作，带给我们的绝不是钱那么简单，而是独立的人格。不管你挣多挣少，至少你有自己的朋友圈子！而不是在家做家务整天围着老公、孩子转。”

“也是，这样下去很容易失去自我，也很容易和社会脱节。”我之所以有这样的感慨，是因为，我在孕期因为严重的妊娠反应，请了很长一段时间的假。等我再次回到单位上班的时候，我感觉整个人几乎无法适应上班的节奏，好长时间才适应过来。

工作不熟悉，同事不熟悉，很多事情都让我无所适从，从得心应手到手足无措，这中间的距离不过只是一个孕期，我就感到自己和整个世界脱节一般。

朋友说得没错，女人在很多时候只有靠自己，即使你很幸运，老公也愿意养你。可问题的关键是“他愿意养你的期限是多久呢”？

子衿很不幸，在她看来无比完美的婚姻终归没有熬过七年之痒。虽然，她痛恨丈夫为什么说话不算话，可这没用。

离婚后，毫无经济来源的她连孩子的抚养权都没有拿到。这一点，她比不上罗子君。子衿为了重新适应新生活，每天忙得焦头烂额，备尝艰辛。

“前几年享受到的，如今都要吃更多的苦来偿还。”一次下夜班后，她无奈地说。也好，子衿已经意识到，自己先前不独立，是多么愚蠢的一件事情。

三毛有一首诗歌我很喜欢：

如果有来生，我要做一棵树。站成永恒，没有悲欢的姿势，一半在土里安详，一半在风里飞扬，一半洒落阴凉，一半沐浴阳光，非常沉默，非常骄傲，从不依靠，从不寻找。

不依靠，不寻找，就是独立最好的证明。

一个女人，只有做到独立，我们才可以不需要取悦谁，依靠谁，才可以随意支配自己今天、明天以及未来的日子，才可以不必为任何人、任何事恐慌。

苏岑在新书《女人越独立，活得越高级》一书中说：其实，男人能给你的东西，都是不能长久的。爱情、温柔、体贴……一切都有疲倦、疏忽、保质到期的时候。唯有自己内心生长出来的快乐，才是一辈子的。

好好疼自己，不期待也就不失望，不纠缠也就不受伤。当你不痴缠、不依附、不跟自己较劲……女人，嫁给谁都一样！

我的另一位好友墨寒简直就是我们身边的励志标杆，每次一说起她，我们一个个直呼：人比人，气死人。

刚 33 岁的墨寒天生丽质肤白貌美，樱桃小嘴大长腿。她没有经历过任何刻骨铭心的情感挫折，大学毕业后就嫁给了富二代的初恋。她的老公对她那叫一个好，不仅给了她锦衣玉食的日子，那些生活的小情调、仪式感简直被他们演绎得让人无比神往。

“女人就是用来疼的，上班多辛苦啊！只要把自己哄开心，把孩子带好，把家管好就行了，别的都是我们男人的事儿。”每次聚会，两人都当着我们大家的面撒狗粮，一点也不遮掩。

不过，墨寒好像不是很“听话”。

在墨寒看来，这样的生活好是好，可就是少了点什么？她大学学的是德语专业，看着大把大把的时间浪费在美容院实在心疼，于是她又重新拾起书本，想让自己的专业再上层楼。

“豪宅住着，名车开着，你还折腾什么呢？”有人不懂。

周围很多人都觉得她不可思议，放着富家少奶奶不当，非吭哧吭哧啃那些枯燥乏味的书本，实在让人想不通。

“年纪轻轻就养尊处优，我才30来岁，不想过着一眼望到头的生活。不学点什么感觉人很荒废，再说自己学了这么多年德语，丢了还挺心疼的。”墨寒解释说，“只有学习，我才觉得很充实。”

不管别人是不是理解，墨寒我行我素，依旧继续学习德语。学习就是这样，你永远不知道自己所学会在哪一天派上用场。

后来，墨寒老公的公司和一家德国公司有了合作意向，可公司没有既精通德语又懂公司商务的人才，临时找也有点来不及了。

看到老公愁眉苦脸的样子，墨寒得知情况后，便毛遂自荐。

“对呀！我怎么忘了你呢？你在大学就是学的德语，这几年见你也没少学习，是时候让你发光发热啦！”

墨寒的老公大喜过望，第二天便把她带到公司熟悉业务，经过一段时间的学习，墨寒对公司各个领域很快了解透彻。

在后来和德国公司的合作中，墨寒表现出色，毫无纰漏，赢得了公司上下的一致赞同。现在的墨寒在自家的公司里担任要职，成了名副其实的“空中飞人”。

墨寒的每一条朋友圈动态下，都有老公的温情留言：“注意时差，好好睡觉！”“辛苦了，亲爱的！”“让你跑来跑去的，心疼死我啦！”……

不管墨寒的飞机到北京是多晚，出登机口迎接她的，一定是手捧一束玫瑰花的老公；墨寒乘坐的航班到异国他乡落地的那一刻，开机第一眼看到的，一定是老公的慰问信息……这样的片段好像不够轰轰烈烈，但让我们见证了他们之间细水长流的爱情。

世上或许有无缘无故的爱，但一定都是短暂的，想把这份爱长久地留在生命里，靠的不是运气，而是——实力！

当自己能掌握自己的命运，有独立生活能力的时候，才能与另一个独立的个体，更好地生活在一起，一起欣赏世界，过有趣的人生。

第五章

女人30，为自己的爱情保驾护航

势均力敌才是爱情最好的模样

世界上最毒的情话莫过于“我养你”。事实却大多是，灰姑娘不会嫁给王子，只会嫁给隔壁放牛的汉子，王子最后娶的一定都是公主。因为只有强强联手的婚姻，其性价比才最让人为之侧目。

昨天下班刚回到单元楼门口，就听见楼上传来撕心裂肺的小孩哭喊声，还有一个女人的哭嚎声，我能从她泣不成声的哭嚎话语里听清楚这么几句话：

“你能不能不要摔东西打人？我求你好好说话行吗？”

“你为什么总是这么对我？你是看不起我吗？”

“一定要分开吗？看在孩子的面子上你能不走吗？”

……

说实话，我已无心再听下去，这两口子之间的大战时不时就会上演。我无法猜到他们最后的结局会怎么样，但是我见过这个30多岁的和我一样年纪的女人，每天无精打采、蓬头垢面地带着5岁的女儿。

我憋着一句话，不敢说给她听，于是写在这个故事里：

在一个男人面前爱得如此卑微，如此战战兢兢，着实让人觉得心疼。

她的故事我听到过一些，本来和老公在一个单位上班，并且她的业绩远远高于老公，可是自从结婚后，她就辞了工作，专心做起了全职太太，心安理得地被老公那句“我养你”一点一点地荼毒。

网剧《北京女子图鉴》中，那些在北京打拼的职业女性们被现实包裹，被压力、责任所困扰，她们不断用青春的激情、倔强的个性、不屈的进取心努力去营造一片励志的天空。这部剧让我欲罢不能，不仅因为在剧中可以看到自己曾经的影子，更因为这部剧的一些情节表现到令人发指，震撼人心。

剧中，从成都来北漂的陈可跟富二代于扬谈起了恋爱，年轻貌美的陈可享受着于扬送给自己的大牌包包，从LV到CHANEL，从高雅怡情的餐厅到于扬专车司机的每天接送……

这应该就是爱情最好的模样了吧！

恋爱的时候，陈可俨然觉得自己已经成了于扬的正牌女友，做着翻身成为白富美的公主梦。如果说仅仅只是这样，陈可也还不算太糟糕。致命的是，她开始在工作中狂妄起来，甚至为了陪于扬赴约而得罪了自己公司的大客户。

公主梦再美，可也有醒来的时候。

为了考验于扬对自己的感情，陈可故意让母亲来北京。可让她惊讶的是，于扬明明在北京，却对自己的家人避而不见。这时，陈可恍然大悟，这段自己引以为豪的感情，并不如自己想象的那般美好。

陈可之于于扬，不过是生命中极其短暂的一个过客而已。分手之后，于扬很快就和富家女结了婚。陈可在这段感情里，狼狈不堪地落荒而逃。

爱情里，谁都不是谁的附属，谁都没有必要为谁一味付出。恋爱中的女人应该记住一句话：我可以对你好，但在爱你之前，我首先做我自己。

和几个朋友小聚，蓝汐对我们几个抛着媚眼，挂着甜死人不偿命的笑容告诉我们：

“下个月我就要结婚啦！你们随的份子钱可不能给我丢脸啊！”

听听，这样的话她也好意思说出口。话音刚落，等待她的自然是我们几个的“拳脚相加”。咖啡店座椅上的抱枕，刚买的毛绒玩具，齐刷刷砸在她身上。

闹归闹，还是打心里祝福她。

蓝汐的感情总是不那么顺。每次聚会，她总是一副“祥林嫂”一样的苦瓜脸，对我们几个抱怨自己怎么就那么招渣男稀罕。

说实话，对这个问题，我们也百思不得其解。

26 岁的蓝汐做着朝九晚五的工作，收入也不是很高。不过，蓝汐面容姣好，看上去就像邻家小妹般清水芙蓉，再加上她从小学习芭蕾舞的缘故，举止优雅，带贵族气质。

我们都很疑惑，要什么样的人才能配得上这样一个玲珑剔透的小女子。

但很遗憾，蓝汐遇到的男人总是对她不那么上心，虽然她使出十八般武艺，对每段感情里的男主角都掏心掏肺地好，花时间学烹饪、学茶艺，甚至投其所好，陪男朋友玩“英雄联盟”通宵熬夜；对球赛从不感冒的她为了能与男友有共同语言，花很多时间了解世界杯，现在的蓝汐对各国球员明星简直如数家珍……

可即便这样，他们好像也根本不把蓝汐放在心里。

一次，蓝汐发烧到 40℃，下班后的男友看了一眼躺在床上烧得满面通红的她，只是愁眉不展地说了一句，“瞧你这德行，还怎么陪我玩游戏啊！”

蓝汐万念俱灰，病好后毫不犹豫地对这一任男友下了分手令。

她觉得自己就是被爱情之神遗忘的那个姑娘，她不再相信爱情，索性把所有时间都花在了加班工作上。

身为芭蕾舞老师的她，情人节加班、清明节加班、国庆节加班……她抢着出差，抢着培训，抢着学习，从男朋友随叫随到，变成了老板随叫随到。

“既然爱情不待见我，那我只能让工作待见我啦！”她这样自我解嘲。

凭着这股拼命三郎的精神，蓝汐毫不费力地完成了在公司的三级跳，成为公司最年轻的股东之一。

现在的她用闲钱在东二环投资了一家茶艺馆，生意做得风生水起，收入高到让我们几个羡慕嫉妒恨。

“记住啦！下个月我32岁生日，生日那天就是我们的婚礼！”笑语盈盈的她优雅地从包里给我们每人一张金光闪闪的结婚请柬。

新郎我们是知道的，对方是一家健身馆的合伙人，对蓝汐呵护有加。每次看他们的朋友圈动态，隔着冷冰冰的屏幕都能感觉到甜蜜。

32岁的蓝汐，在别人眼里早就成了“大龄剩女”，但从她脸上，我们从未看到过她慌张的模样，只是亲眼见证了她坦然接受时间的洗礼，越走越优雅，越走越从容。

“不注重自己的时候，遇到的男人总是不靠谱，如今把时间放在事业和投资自己身上，反倒遇到了真正的爱情。”蓝汐很认真地说。

这话没毛病。

一段爱情里，把自己弄得卑微如尘土，真的不值得。事实上，你越卑微，越得不到自己想要的爱。因为，爱情最好的模样就是势均力敌。

我很欣赏网上以前流传得很火的那句话：人和人之间是相互的，你若疼我如命，我定爱你如初，你若不冷不热，我也不屑一顾，我可以惯着你，也可以换了你！

晚婚，等到今生最美的遇见

一定要相信，茫茫人海，一定有一个爱你的人，正穿过人潮汹涌的城市，跋山涉水地来爱你。愿你一生努力，一生被爱，从此不被辜负。如果最后是你，晚一点，真的没关系。

情让人伤神，爱更困身，
女人真聪明，一爱就笨。
往往爱一个人，有千百种可能，
滋味不见得，好过长夜孤枕。
我不会逃避，我会很认真。
那爱来敲门，回声的确好深，
我从来不想独身，却有预感晚婚，
我在等，世上唯一契合灵魂
……

我很喜欢听李宗盛的歌。总觉得李宗盛的歌里别有一番人生，耐人寻味。有人说：“听懂李宗盛，是件很残酷的事情。”

一次晚会上，59 岁一脸沧桑的李宗盛，款款深情地唱着这首《晚婚》，让人的心莫名一震。

人来人往的世界中，我们总是不停地遇见，又不停地错过；踏遍千山万水后，不管多晚，依然渴望爱与被爱。

晚婚，早已见怪不怪。

不久前这曾是我的第一反应。同事芷若在朋友圈发了一条动态：没有谈恋爱的我一个人赏月，亲爱的，我在北京你在哪？

芷若两年前结束一段长达六年的爱情长跑，本来大家都以为两人一定可以修成正果，却想不到在快要抵达终点的时候她下了车。

恋人之间吵架很正常，分分合合多次，最后斩断两人联系的竟然是一件谁该叠被子这样的小事。

就是这样一件微不足道的小事，两人彻底分手了。毅然决然，毫无回旋的余地。

“吵了这么多年，为这点小事分手多不值？”有人劝芷若。

“事情虽小，但谁也不愿先低头了。”芷若说，“一开始俩人吵架，会放下尊严去挽回，但慢慢地会觉得，尊严比感情更重要。”

这多像电影《再见前任 3》的林佳与孟云，一个不想走，一个很想留，但都在等对方先低头。结果却是，原本以为可以相守一辈子的人，各安天涯。

有人问芷若，两年过去了，为什么不投入一段新的感情，也好过一个人孤苦伶仃地打拼。

“我很想结束该死的单身，但总是没有心动的感觉。”芷若无奈地摇摇头，“再等等吧！我一定要遇到对的那个人，我希望最后嫁给的是爱情，而不是时间。”

对即将到来的国庆长假，36 岁的安轩愁眉苦脸。我们的假期话题是到哪里嗨，而她得在老妈的安排下赶场一般地去相亲。

“都什么年代了，还相亲？相亲给我的感觉就像一下回到解放前。”安轩叫苦不迭。

“谁这么看不起相亲，你看《非诚勿扰》那档节目多火啊？还有那么多红娘网站，说不定哪天你就一下脱单啦！”

“是啊是啊！”

……

“老妈说，婚姻就是找个人凑合一起过日子罢了，不管合适不合适，生活得久了就自然习惯了。我的天，这是让我嫁鸡随鸡嫁狗随狗的节奏啊！”安轩把手中的茶杯重重地放在桌子上，斩钉截铁地说：“凑合的婚姻我不要，谁叫本姑娘天生倔强。两个人，要的就是默契。”

这话，够狂。

讲真，爱情可遇不可求，合适比冲动更靠谱。遇到对的人，你才能笑靥如花。

2013年，随着电视剧《咱们结婚吧》的热播，高圆圆迎来了事业高峰。戏中的她是32岁单身女性，戏外的她是34岁的优质明星。

剧中，高圆圆饰演的桃子等待爱情，相信爱情，不急不躁，生活充满诗意。剧中的角色像极了她本身。

她义无反顾地爱着才子张亚东，原以为自己能等到相夫教子的美好生活，不曾想，这个写下无数情爱的男人却是个不婚主义者。她接受过好友于小伟，但总觉得两人的友情多于爱情，于是选择放手。

对于女人来说，岁月时光不饶人，一个人过，似乎也挺好。但是，兜兜转转许多年，她却在《搜索》里遇到了那个对的人——赵又廷。

赵又廷在一次采访中羞涩地说：“我眼中的她真是频率一致吧。呃，这样讲很肉麻耶，她真的是另外一半，我想什么她都知道，她想什么我也知道，喜好什么的都非常合拍，这是一种缘分吧。”

对于高圆圆来说，她要的他懂，她懂得他愿，两个灵魂的契合不过就是对的时间遇到对的人，前半生里没有你，后半生才懂得珍惜。

婚礼上，高圆圆对赵又廷深情告白：“终于等到你，还好我没放弃。”这一幕，不知当时甜死了多少吃瓜群众。

或许你不是最开始的人，但幸好后半生是你。

1997 年，一部《美少年之恋》让我们认识了美少年吴彦祖与冯德伦，也就是这部戏，让舒淇认识了冯德伦。两个人一定不会想到，今后会有什么交集。

2016 年 9 月 3 日，兜兜转转 20 年之久，寰亚宣传总监通过微博宣布舒淇与冯德伦结婚。40 岁，好像有点晚。不过，这又算什么呢?

照片上，他笑她闹，一席简易婚纱，听说连婚礼都是临时起意，这丝毫不妨碍舒淇笑得放肆。

想当年，S.H.E 唱响我们一代人的青春。

让我吃惊的是，当年的“假小子”Ella 如今嫁作人妇后，也蓄起了长发，穿起了长裙和高跟鞋。

Ella 曾坦言在感情上受过许多挫折，一度让她不敢相信爱情。直到 31 岁那年，才遇见了老公赖斯翔。遇见对的人，Ella 整个人都在冒粉红泡泡。

婚后，老公对她呵护备至，结婚后晒的同框美照都将她紧紧扣在怀里，甜蜜蜜的公主抱更是显露出赖斯翔对她的极尽宠爱。

31 岁的 Ella，终于嫁给爱情。

愿每一位晚婚的姑娘都能找到如这般的恋人，能懂你，也懂这世间悲欢。即使 30 岁又怎样？相信这陌生的城市总有一个灵魂和你完美相契。

好的婚姻，真的可以让你撒娇

撒娇是一种表达爱的能力，真心希望每一个女人都可以和自己所爱的人，越过桃花漫野的山丘，细数爱情细水长流。

2018 年，大 S 携汪小菲参加了真人秀《幸福三重奏》。很意外，大 S 的“剥虾论”一下上了热搜。

事情的起因是：

和其他两组嘉宾聚餐吃饭时，福原爱提起自己经常给老公江宏杰剥虾吃，大 S 听后一脸惊讶，并很认真地告诉她：“我妈告诉我，吃虾，一定是要男人帮你剥。所以我嫁给我老公以后，如果他不帮我剥我也不讲，但是他帮我剥，我就吃。”

说到这里，蒋勤勤的老公陈建斌和福原爱的老公江宏杰也都开始自觉地动手帮老婆剥虾了。

节目一经播出，网上立即炸开了锅：

哎妈呀，这可不就是明摆着撒娇嘛；

大 S 真是太矫情了，自己想吃虾还不自己动手，真是作；

一看就是矫情，公主病；

……

总之，她好像一下成了众矢之的。

就在不好的评论都指向大 S 的时候，汪小菲立即站出来霸道护妻："她老公愿意给她剥虾怎么了，生了俩健康的宝贝，走了一趟鬼门关还不能让老公剥虾啦？"

此言一出，让那些说话酸溜溜的人分分钟住嘴。

我不禁为汪小菲的这一举动点赞。大 S 的这个"剥虾论"听起来似乎没什么道理，吃虾嘛，自己剥就好了，没必要等别人帮忙。但是仔细想想，只要有人愿意宠你，那你的任性就是撒娇，你的矫情就不是公主病，别管什么流言蜚语，让他（她）嫉妒去吧！

原来，大 S 的婚姻幸福，就是因为有人宠，有人疼，有人愿意你向他撒娇，如果没人宠爱，那，撒娇给谁看？

有人说，一个女人越爱在她老公面前撒娇，他们的婚姻可能就越幸福，因为只有在爱的人面前才能肆无忌惮地撒娇。

无论在工作还是在生活中，会撒娇的女人更好命，这么看来，聪明的女人都应该适当地撒撒娇。这话，可不是信口开河。

朋友孟楠是一个典型的“女汉子”，她走路带风，做事一板一眼，雷厉风行，就连穿着都很中性的她从小就不会对任何人撒娇，她的做事原则是——以理服人。

婚后，孟楠的老公因为升职的缘故，工作繁忙，每天加班到很晚才回来。一次偶然的机会，孟楠发现，老公的车都到了车库，却还在车里待了好一会儿才回家。留了个心眼的孟楠发现，一连好几天，几乎天天如此。

孟楠当然也看见，老公既没有在车里和别人煲电话粥，也没有在车里抽烟，他就那么静静地坐着。回到家，孟楠和老公两人之间也没什么交流，这让她觉得两人就像同住一个屋檐下的房客，没意思透了。

孟楠不愿家里冷冷清清，好几次对老公说希望他早点回家，不过，嘴上虽然答应得好，但却没有几次能做到。

两人因为这事可没少吵架。

“哎呀，女人嘛，还是温柔点好。下次，你撒娇试试？包他百炼钢化为绕指柔。”一次聚会中，好姐妹这么对她说。

“这这这……我学不来啊！”她眉头紧皱。

“学不来也要学啊！这可没有你做数据分析那么难。想想电影《撒娇女人最好命》里的那些姑娘。”好姐妹一边言传，一边身教，

“你怎么可以吃兔兔，兔兔那么可爱……”

一个夸张地教，一个别扭地学，那画风，别提多逗了，笑得我们一众女人连刚喝到嘴里的咖啡都喷了出来。

到家后，孟楠半信半疑，扭扭捏捏好半天，决定试一试。

果然，老公又快12点才回来。她憋了好一会儿，才羞红脸，别扭地拉着老公的胳膊说：“我一个人在家好害怕哦！我想你早点回来嘛，你下次早点回来陪陪我好不好嘛！”

后来，孟楠告诉我们，说完这句话，自己浑身都长满了鸡皮疙瘩。不过，老公好像对这招还真没有免疫力，忙不迭地点头，答应下次争取不加班，一定早点回来。

牛刀小试，初见成效。

从那以后，孟楠不再像以前那样动不动就讲道理，很奇怪的是，两人吵架的次数少了很多，感情也在她时不时就发发嗲、撒撒娇的招数下越来越融洽。

看过网上这样一个段子，让我很有同感：

我特别羡慕两种女人，一种是特别拽，走路带风，自己事业贼啦牛逼谁都不屌的那种。一种是娇滴滴会撒娇，任谁看见了都想拼了命保护的那种。刚好，我就是卡在中间那种，也不牛逼也不太会撒娇。老天赐我做了女人，却给了我一颗爷们儿的心，不会说好话，也不会撒娇。

都说女人是水做的，要温柔，不能乱发脾气。其实，我也是水做的，只不过是雪碧，带气儿——劲大，只能捧着，不能晃，一晃就爆发！

这辈子，本想活成大哥心中的女人，不料活成了女人心中的大哥！

我一看这话，简直就是自己的真实写照嘛！我先生也一直说我除了身份证上性别是女，别的怎么看也都不女人。

听说孟楠的事后，我也忍不住跃跃欲试。

那天，我也向好姐妹取经怎么撒娇，我很努力很努力地学习她怎么娇滴滴地说话，怎么在说话的时候又脉脉含情，频频放电。

自以为火候到了，当我回家坐在沙发上轻声呼唤先生名字的时候，他一个箭步从卧室冲了出来。

看到他心急火燎的样子，我本以为学有所成，撒娇奏效了，正心中暗喜，结果呢？先生一脸着急地问："哪里不舒服？用不用上医院？"

一听这话，我好不容易挤出来的笑容立马僵住了，撒娇的心情马上从云端跌落谷底。第二天，我把这件小事讲给朋友听，那些没心没肺的家伙笑得人仰马翻。

"谁让你以前说话都那么大声，这一下子突然转变，你老公肯定不习惯，不被你吓得半死才怪呢！"好友一语中的。

看来，撒娇也是一门技术活儿。

撒娇，撒好了是娇，撒不好是作。高档商场里楚楚可怜地让男朋友买漂亮的限量包包是撒娇；振振有词、不依不饶地揪住一件事不放就是撒泼。无时无刻、不分对象，不分场合地碎碎念与其说是在撒娇，倒不如说是任性、是作死。

说到这里，不禁想起一位哲学家的话：

有位哲学家告诉男人，只要懂得称赞老婆的旧衣服漂亮，她就不会吵着要买新衣；吻一下妻子的眼睛，她就会变成瞎子；吻一下妻子的嘴唇，她就会变成哑巴。聪明的女人，只要你懂得称赞老公的才干，他就会更卖力地为你工作；撒娇地抱他一下，他就不会生气动粗；吻一下他的嘴巴，他就不会口出恶言。家里不是法院，不用长篇大论讲道理，更不需要争得面红耳赤，只要你懂得撒娇和体贴，你就会享受家庭的幸福。

有人对撒娇很不屑，觉得撒娇就是发嗲，就是狐媚，就是装嫩。事实上，真正的撒娇高手是发自内心的温柔和包容。学会撒娇，就是要学会以柔克刚，化矛盾于无形。

当然，撒娇也有一个很重要的前提条件：心里有真爱。

当没有遇到一个对的人的时候，你的撒娇在他眼里便成了矫情。

慢慢地，我开始不断修炼自己。

先生看球赛，我不看那些壮硕的球员，只看他就够了；像只懒猫趴在那里，时不时给他递一杯水，削好一个苹果，轻轻喊他的昵称……好像还什么都没做呢！我就把他的注意力从热火朝天的球场上拽了回来。

原来，撒娇固然是一门技术活儿，但也不难。娇撒是否到位，关键是看你的内心够不够柔软。只要你愿意，一举手、一投足、一顾盼、一回眸、一个眼神、一个微笑、一句话，女性的风情就展露无遗，或调皮、或妩媚，或小女儿态，总能让他心动不已……

好的婚姻，有时真的需要谈钱

很多时候，婚姻中谈钱，不是因为爱钱，而是想要看到你的心。爱你的人，会认为钱是双方的，他只怕给不了你更好的生活。不爱你的人，从来只会把钱当作私有财产，就怕你取走一分一毫。

一直以来，很喜欢看天津卫视的《爱情保卫战》这档节目。在节目中，涂磊老师说过这样一段话，让人不胜感慨。

他说，现实生活中有两种男人：

第一种男人，他特别不喜欢女人跟自己谈钱。你只要是谈钱你就很物质，他甚至会抱怨现在拜金的女生太多了，我已经结不起婚了。但是当女生主动提出说我不要这些东西的时候，男生会说："这是应该的，你不是爱我的人吗？你爱我的人嫁给我就好了，干吗要在乎我的钱呢？"

第二种男人，他会主动跟女人谈钱。他觉得娶一个女人进屋，房子、车、婚纱、戒指等就是我应该给你准备的，即便女人主动提出来，他也不会觉得过分，他觉得给一个女人好日子就是一个男人的责任。但是当一个女人主动提出说我不要这些的时候，他会非常感激，会觉得：我是有福气的，我娶到了一个愿意跟我同甘共苦的女人，我应该好好地感谢她。

第一种男人，把你当保姆，不会管你受了多少苦；第二种男人，把你当爱人，生怕你受苦。

涂磊老师的话简直了。

婚姻里，谈钱好像很俗，但是对一个女人来说，谈钱并不意味着我多爱钱，我多拜金，而是，你心里有没有我。

好友于欢在一家规模不是很大的公司做会计，别看公司不大，事情却不少。看她每天辛辛苦苦也挣不了多少钱，老公不停地怂恿她辞职：那么辛苦做什么，我养你。

一开始，于欢怕步《我的前半生》里罗子君那样的后尘，坚决不同意，但次数多了，工作又实在繁琐，就中了老公那句“我养你”的毒。

于欢前脚刚辞职，老公后脚就把工资卡给她。还放下狠话：只要你需要，随便刷！没有工作的于欢当然不能随便刷，懂事的她精打细算，从不大手大脚。

那天，在新光天地的一家护肤品专柜前，于欢看到自己心仪的品牌刚好八折优惠，于是买了洁面、爽肤水、精华、面霜。有了这些当然不够，面膜、眼霜也很重要的。想到自己很久没换口红的颜色了，干脆口红、腮红也换换吧！

齐活，交费，一共8000多。

这边刚刷卡，老公的电话就追过来啦！虽然于欢的声音压得很低，但我还是听见老公质问她，买什么就花了8000多？真是败家！

于欢小心翼翼地解释自己买了护肤品，因为一直在用的这个牌子刚好赶上活动，所以忍不住买了些。听到这里，她老公更是咆哮一般劈头盖脸地数落，吓得于欢赶紧挂断电话，拉着我就跑出了商场。

“以前是他自己说让我随便刷的，可现在又说我太败家。”在车上，于欢很委屈地抽抽搭搭，“这事可不能就这么算了，我算明白了，这就是不挣钱的下场。”

坚毅果敢的于欢，回家后的第一件事情就是把工资卡还给老公。然后，昂首挺胸地准备重回职场。

想要的东西自己买，这样才不至于低三下四，羞羞答答。现实里，不乏男人总是埋怨妻子不知道挣钱的辛苦，只知道花钱的快乐。其实，“再厉害的女人也想花心爱男人的钱，花自己的钱是成就感，花男人的钱是幸福感。”

这句话谁说的？才女张爱玲。

我完全无法想象，一个连钱都舍不得给你花的人，是不是像他承诺的那样深爱你？

男人连钱都不肯在你身上多花，又能指望这个男人有多爱你呢？

听说，皮皮妈最近就因为钱的事情带着孩子回了石家庄。因为幼儿园里爆发流感，皮皮不幸被传染。虽然药也吃了，针也打了，但皮皮的病情始终反反复复，怎么也不见好。没办法，不会开车的皮皮妈只好打车到医院带反复发烧的儿子检查、输液。

皮皮爸公司忙，有时候几天才回来一次，皮皮妈一个人带着孩子上医院，心里十分委屈。不过，这些都能忍，压倒皮皮妈最后一根稻草的是老公的一句数落。

“你说你，带个孩子都带不好。还有，这没几天时间，你就花了近万块钱？只是个小感冒，至于花这么多钱吗？”

听到这句话，皮皮妈彻底爆发了：“来回打车、抽血化验、输液拿药哪一样不需要钱？孩子病情反复，你知道我这一段时间上过多少趟医院？”

说到最后，皮皮妈已经是声泪俱下。自己辛辛苦苦照顾孩子不说，还被老公质疑钱的去向，这让皮皮妈忍无可忍。一气之下，回了娘家。

其实，皮皮妈是出了名的节省，婚前她有自己的工作，虽然工资不高，但自给自足完全没问题。生了孩子后，双方老人都不愿带孩子，皮皮妈只好自己带。每次出门买东西，皮皮妈总是很少为自己添置什么。

但即使这样，还是被老公怀疑“怎么花费这么多？”钱绝对不是表达爱的唯一方式，但我相信，它一定是一种很重要的方式。

很多时候，一个人对于钱的态度，更容易看出一个人的品质。

朋友圈里，雨桐总是变着花样地晒幸福。准确地说，是雨桐的老公变着法儿地对她表示各种花式的宠溺。

结婚前，雨桐最喜欢的事情便是买买买。谈恋爱时，她老公便隔三差五地买各种礼物讨雨桐欢心，鲜花、施华洛项链、毛绒玩具、包包……

当然，恋爱嘛，这些都不稀奇。

结婚多年后，每个节日，乃至每个周末，雨桐都会收到老公精心准备的礼物。有时候是一张小小的贺卡，有时候是一束搭配得当的鲜花。

老公送礼物只是一方面，雨桐是网购达人，看中的东西一定要买，老公不仅全力支持她，还经常陪她去淘一些有趣的物件。

朋友聚会，我们几个都开玩笑说，雨桐真幸福，找到了一个舍得为自己花钱的好老公。不等雨桐回答，她老公赶紧抢着说：

“你们这话可就不对啦！是我命好，找到了一个爱花钱的老婆。”

这句话，似乎甜得过分了点。

之后，他还在一帮大老爷们面前振振有词，老婆不败家，赚钱给谁花？她花钱，她开心，我为什么要阻止她呢？再说，她花钱我才更有努力的动力。

他的话，不禁让我想起陈奕迅。

陈奕迅的妻子徐濠萦爱花钱可是出了名的。徐濠萦被狗仔拍到的照片几乎都是在奢侈品店购物，据爆料说，徐濠萦一天血拼50万都是家常便饭。

为此，有人批评说徐濠萦败家，但陈奕迅知道后总说，赚钱就是给老婆花的，只要她高兴就好。

在我听来，“老婆高兴就好”这句话，比有些人嘴上说一万遍我爱你，更让人动容。

网上有这样一段消息：重庆的冯女士和丈夫结婚多年，却因为一个房产证的问题，闹起了离婚。

因为工作原因，冯女士和丈夫聚少离多。平时，孩子都是冯女士带，家里大部分的开支，都是冯女士摆地摊所得。丈夫告诉她，自己赚的钱就当作家庭储蓄，以备不时之需。冯女士觉得这话也没错，理所当然地承担起日常开支。

为了节约，每花一笔钱，细心的冯女士都会记下来，她随身携带的记账本密密麻麻记录了这些年的收入和支出，也真实地记录了她多年来的辛苦和委屈。

十年来，丈夫也攒了点钱，准备买房付首付的时候差了一万五，冯女士拿了五千给他，岳父也给了他一万。

吃惊的是，拿到房产证的那一刻，冯女士才发现——房本上只有丈夫一个人的名字。

面对冯女士的质问，丈夫一点也不在意，只是冷冷地说："我们是两口子，写谁的名字不是一样吗？写我的就行了，图个方便嘛！"

这回答真让人寒心。

更让人大跌眼镜的是，冯女士跟他理论的时候，他竟然理直气壮地说："我娶个比我大的老婆就是希望对方可以懂事点，你竟然因为这个跟我闹？"

冯女士这时彻底明白了——原来他娶我，就是为了找个保姆！保姆怎么有资格谈钱呢？所以，万念俱灰的冯女士提出离婚。

30 岁的女人一定要懂得：一个爱你的男人，不仅把你看得比钱更重要，更怕你受到生活的委屈，会不开心，所以他会加倍努力。

三毛都说：爱情如果不落实到穿衣、吃饭、数钱、睡觉这些实实在在的生活里去，是不容易天长地久的。

很多时候，谈钱虽然很庸俗，却能从中看出一个人到底爱不爱你。

面对不幸的婚姻，要有断舍离的勇气

爱一个人很容易，懂一个人却很难，与一个人相守更难。
余生，请找一个懂你、真正爱你、迁就你的男人在一起。

2018 年 9 月，曾经被誉为“上海第一美女”的沈丽君跳楼自杀。消息一出，让很多人为之震惊！

沈丽君是杂志模特，长相甜美可爱，性格温婉大方。

2006 年，沈丽君代言韩国网络游戏《永恒》；2009 年，和古天乐一起拍过《家有喜事》，和“老干部”霍建华一起拍过《变身契约》。

应该说，沈丽君凭借这些优势，完全可以在模特或演员的道路上顺风顺水地走下去，但是 2011 年，沈丽君嫁入豪门。

本以为，这位漂亮的公主可以和白马王子一起幸福地生活下去，没想到大家看到的是她自杀的消息。

自杀后的沈丽君留下了一双儿女，和一封字字血泪的万言遗书。

遗书中，沈丽君道尽了她身体和精神所受的双重痛楚。结婚后，沈丽君才知道丈夫第一次婚姻结束是因为他婚内出轨，自己不过是步入他前妻的后尘；怀第一个孩子的时候，丈夫出轨第三者，拿着家里的钱变着戏法地哄小情人开心；怀第二个孩子五个月的时候，她知道老公在外包养小三，而且同居很久。所以，怀二胎期间，她都是在眼泪和失眠中度过。

丈夫对待她和孩子跟对待小三天差地别。

沈丽君给孩子买几百块的耐克阿迪，老公说是浪费，但他却给小三买名牌包、奥迪 A4、各种奢侈品……

她生病的时候，老公在陪小三打王者荣耀，对她置之不理。老公的生日，都是和小三一起度过。

对她，老公从来都是各种嫌弃，脾气不好、家务不会做、孩子带不好……也许正因为有了这种天差地别，小三才敢公然挑衅她，甚至注册小号告诉她，“你有的，我都会有”这样的话。

身患癌症后，无情的丈夫恶言冷语，嚣张的第三者步步逼宫，而婆家对这一切置若罔闻。

“八年婚姻，一儿一女，嫁给了垃圾，青春喂了狗……自己选的路，如今让我走投无路。”遗书中，沈丽君绝望地写道。

看到这里，我很痛心，这位被渣男和小三逼死的可怜原配，为什么有勇气选择自杀而不选择别的方式让自己从这段不幸的婚姻里重获自由呢?

前几天，看到一条新闻，让人心痛又气愤。

辽宁铁岭，一位38岁的妈妈独自一个人在家带孩子。三天前，这位妈妈还在和别人微信聊天，聊着聊着就没了反应，大家对这次聊天中断并没有在意。

三天后，孩子的亲戚觉得有什么不对劲，因为她家的灯白天黑夜都亮着，有点反常。等大家想尽一切办法进到屋子里时，满屋恶臭，这位妈妈已经死去。

孩子坐在妈妈的身边看电视，三天的时间里，小小的她就那么陪着妈妈的尸体。屋子里全是零食包装，孩子这几天就是靠这些零食充饥。

看到有人进来，孩子只是一遍又一遍地说:“妈妈睡着啦!”

我不敢想象这是怎样一幅画面，泪水忍不住肆意流下，因为我也是一个孩子的妈妈。

经警方鉴定，这位妈妈常年吃药，这次死于心梗……

妈妈一个人带孩子可以累到猝死，而她的丈夫，还是从亲戚的口中得知了妻子去世的消息。妻子独自带娃，三天你都不问问她和孩子吗?妻子身体不好，你是有多忙多累都顾不上打一个电话?

对带孩子的人来说，她必须 24 小时待命，睡觉都是奢望。身累心也累，睡眠不好，休息不好，心情不好，这足以让你累到虚脱，累到猝死。

楼上邻居信子最近铁了心要离婚。

前几日，她的女儿突然肚子疼得厉害，打电话给单位的老公，希望他可以尽快赶回来。可老公告诉信子，他正在参加同事的生日聚会，一时半会儿回不来。

孩子疼得冷汗直冒，信子顾不上和他多说，赶紧找我们几个邻居帮忙把孩子送到医院。一检查，急性阑尾炎，需要马上手术。

“孩子需要手术，你怎么还不回来？同事的生日比女儿还重要吗？”信子很生气地质问。

“手术就手术呗！她不是在医院了吗？我回去又有什么用？”

老公的回答让信子气急败坏。等到孩子做完手术，老公才姗姗来迟。

信子之所以铁了心要离婚，这一次“女儿手术”事件只不过是压倒她婚姻的最后一根稻草。结婚七年，老公在家的天数屈指可数，有时候出差一个月都不会往家打一个电话。孩子上的什么兴趣班他不知道，爱吃什么他不知道，甚至孩子上幼儿园大班还是中班他也不知道……

女儿生病需要手术，信子的身边没有亲人，只能想到他。

女儿出院后，她跟老公提出了离婚。

“好好的离什么婚？我不是医生，我又不会动手术。我在外面拼死拼活地挣钱，每月还要给你二三万，你就带带孩子做做家务，还有什么不满意的呢？”

信子告诉我们这话的时候，眼里都是绝望。

信子的老公觉得，婚姻就该男主外女主内，我奋斗事业不管家里，你就必须把家当作你的终身事业。

多么标准的直男癌思想。

在这样的男人眼里，你生病不是累的，是矫情，喝点热水就会好；地板是自己干净的，马桶洁白如玉是质量好，孩子聪明得了奖是我的基因好，孩子闯祸不乖都是你这个当妈的没教育好……

全职妈妈不用工作，每天看看韩剧、购购物、刷刷朋友圈、喝喝下午茶、美美容，日子就这么悠闲惬意地过……

老公如果不懂得体谅老婆的难，无论她是任劳任怨的全职妈妈，还是做事果敢的职场丽人，她都会觉得心累、心寒、最后心死。

想起网络上有这样一个段子：

一个男人发帖炫耀自己的妻子，她可以自己在家睡觉，可以自己去逛街，怀孕了自己去做体检，自己带小孩，你们敢在她的面前自称是女汉子吗？

有位网友这样回复：我们村一般管这种女人叫寡妇。

当今社会，部分家庭为女主外又主内，男不主外也不主内。真正好的婚姻是你懂我的苦，我明白你的难。

同事岩菀两口子结婚快十年了，从来没听说他们吵过架。每次一说起老公，她满脸都是藏不住的幸福。不管是单位聚会还是翻看她的朋友圈，每次都是夫唱妇随的迷模样。

同事们纷纷向她取经，问她有什么御夫之道，怎么老公被她调教得这么乖？她笑着说其实也没什么，他给我做饭，我给他洗衣；他给我体贴，我给他拥抱。总之，就是一起做着柴米油盐酱醋茶的事。

多简单的道理。

就像《夫妻双双把家还》里唱的那样，你耕田来我织布，你挑水来我浇园。越幸福的婚姻越平淡，无论做什么都是两人一起，这样的夫妻才最恩爱。

真正让人羡慕的婚姻是找个人一起努力过好日子，有争执、有吵闹，却也有温度和甜蜜。婚姻，说到底是找一个可以感同身受的人，而不是和一个人互相折磨过日子。